THiNKr

新思

新 一 代 人 的 思 想

La physique quantique dans un transat

SCHRÖDINGER
À LA PLAGE

Charles Antoine

沙滩上的薛定谔

带着量子物理学去度假

〔法〕夏尔·安东尼 著

王存苗 译 赵小明 审校

中信出版集团 | 北京

图书在版编目（CIP）数据

沙滩上的薛定谔：带着量子物理学去度假 /（法）
夏尔·安东尼著；王存苗译. -- 北京：中信出版社，
2021.1

ISBN 978-7-5217-2440-0

Ⅰ. ①沙… Ⅱ. ①夏… ②王… Ⅲ. ①量子论－普及
读物 Ⅳ. ①O413-49

中国版本图书馆 CIP 数据核字(2020)第 222038 号

沙滩上的薛定谔——带着量子物理学去度假

著　　者：[法]夏尔·安东尼
译　　者：王存苗
审　　校：赵小明
出版发行：中信出版集团股份有限公司
　　　　　（北京市朝阳区惠新东街甲 4 号富盛大厦 2 座　邮编　100029）
承　印　者：北京通州皇家印刷厂

开　　本：787mm×1092mm　1/32　　印　　张：6.75　　字　　数：94 千字
版　　次：2021 年 1 月第 1 版　　　　印　　次：2021 年 1 月第 1 次印刷
京权图字：01-2020-6712
书　　号：ISBN 978-7-5217-2440-0
定　　价：48.00 元

目

录

序言
一位用神秘理论打破传统观念的物理学家

亲爱的读者，此时此刻，你正准备做的，是一件危险的事。深入探索量子物理的怪异之处是一场无可比拟的奇妙之旅，但旅行结束后，我们便不再是当初的那个自己了。

在量子物理的世界，神秘的猫可以同时拥有生存和死亡两种状态，月亮之所以存在仅仅是因为机灵的老鼠在对它进行观测，某些相互作用可以超越时空，一个物体可以同时出现在两地且能从一地直抵另一地而不跨越任何中间地带……在这个奇特的世界里，一切都归结于概率和假想的波；在这里，物质只是转瞬即逝却又永无止境不断再生的振

> "人生中最幸福的时刻，就是动身前往未知世界的那一刻。"
>
> ——理查德·弗朗西斯·伯顿爵士的日记

i

动，所谓的"真空"实则充满了神奇的能量；在这里，无限大与无限小混杂交织，平行宇宙多如所想，荒诞与神圣并行共存……

　　量子物理到底是什么？喜欢抽象言语的人会不会把它看成一种纯粹的智力建构？那些钟爱形而上学问题的人会不会将其视作数学上的奇谈怪论？它又是不是在哲理与疯癫边界上孕育而生的怪诞学说呢？假如这一理论神奇的预言力没有那么强大，那么具有颠覆性，相信许多人在面对上述问题时都会给出肯定的回答。而看似荒诞的量子物理，其实是经过实验完美论证的理论。论证的过程如此完美，以至于有时甚至会让人惊讶得目瞪口呆，在涉及光与物质之间的相互作用时尤其如此。

　　然而，量子物理并不仅仅是一种隐藏在深处的美，并非只有探索微观世界的研究者才能欣赏其谜一般的风采。事实上，我们日常生活的一举一动几乎都与它有关，只是我们还没有意识到罢了。比如，当我们的手指在手机触屏上滑动时，当我们双手敲击电脑键盘时……总之，在我们使用任何一种电子设备时，我们其实都在与量子物理学进行亲密接触。没有量子物理，我们就无法明白二极管和三极管的工作原理，也就不会有集成电路、微处理器和闪盘。没有量子物理，就不会有物质波、原子钟和 GPS（全球定位系统），也不会有激光、磁悬浮列车、高精准的医学成像和超高安全性的通信技术。

　　未来，在我们投票、刷卡、穿衣、出行……甚至在宇宙空间遨游时，我们所处的环境中会布满各种在量子物理学指引下应运而生的新技术与新产品：从量子计算机、量子隐形传态到石墨烯和碳纳米管。

　　此外，正如极具魅力、红遍全法国的电台主持人和免疫学家让-克劳德·阿梅森曾经说过的那样，人类的最新研究表明，量子效应其实广泛存在于生命科学领域（存在于进行光合作用的植物里，也存在于某些候鸟的眼睛里），只是由于该领域极其复杂，对保持原本就脆弱的量子相干态构成了极大阻碍，因而，在此之前一直被排除在研究范围之外。如今的研究显示，甚至是人类的意识，或者说至少是人类通过思想把信息转化为有意识的观察结果这一过程，都有可能与量子相互作用有关。

　　是的，总而言之，正如物理学家史蒂文·温伯格所说："从探索量子物理学的那一天起，我们便永远不再是曾经的我们了。"这很符合人们对"非凡之旅"的心理期待，本书也正以此为初衷向广大读者发出邀请。

　　在发现与缔造量子理论的众多科学家中，除了埃尔温·薛定谔（1887—1961），还有谁更适合做我们的向导？诚然，他不像普朗克、爱因斯坦、费曼那般知名，也不如玻尔、德布罗意和泡利那样具有预见性，更不像

1940 年 53 岁的埃尔温·薛定谔

狄拉克、冯·诺伊曼和海森伯那样，年纪轻轻便成就斐然（不要惊慌泄气，如果这些物理学家的名字对你来说并非耳熟能详，那么本书正是为你而写的！）。但可以说，薛定谔的一生及其工作成果就是量子物理学发展史最真实的写照。

在量子物理学诞生之初，年青一代与老一辈物理学家存在意见分歧，他们针锋相对。介于两者之间的是正值中年的薛定谔，他几乎在量子物理学发展的每一个关键阶段都留下了足迹：起初，是他提出了量子物理学的核心方程——薛定谔方程，该方程的解已成为当今主要科技应用的源泉；接下来，也是他将量子力学理论的两个版本——海森伯、玻尔、约尔当的矩阵力学和他自己在法国人路易·德布罗意的启发下创立的波动力学——加以综合；而后，他用既死又活的猫批判量子力学的标准解释，并与好友爱因斯坦一同提出了量子纠缠这一概念；他曾执拗地想把现代科学的两大支柱（量子力学和广义相对论）融合成一个单一的超级理论，对此执着不已，可惜最终无果；他也曾热衷于哲学，醉心于探索科学与精神世界之间的联系；最后，他成功地为80年后出现的新兴的量子生物学开辟了道路。

如果说薛定谔在科学的道路上善于打破传统观念，那么他在个人感情、交友以及生活方式的选择上也同样不循常理。他崇尚自由，将各种约定俗成的准则抛置一边，他凭借自己的工作成果在那个时代的科学发展史上树立了一座不朽的丰碑，也因此在很大程度上撼动了当时人们的思想意识。人们不断地重新认识他在科学和哲学上的成果，而这些成果的价值也不断得到认可，仿佛时间才是其超强预见性的最好证明。

爱因斯坦曾说："发明，就是往歪处想。"这句话最完美的诠释就是薛定谔的一生及其成果，因为其中的每一点、每一滴都足以照亮量子物理的发展之路。

开启非凡之旅

一言十问　概览量子物理

阿根廷诗人豪尔赫·路易斯·博尔赫斯曾经说过："当宇宙已经是一座迷宫时，就不必再建造一座了。"这开篇第一章意在为你的量子物理之旅提供指引，既像一本旅行札记，又似一封诚意满满的邀请函。在这一章里，我们将为你概述量子物理学的主要概念和原理，之后的章节中我们会深入展开。

提到量子物理学，你一定会问：**量子物理学**讲的是什么？有哪些原理？与其他理论有何区别？为什么光在量子物理学中扮演着重要的角色？什么叫量子？对于这些问题，我们都给出了直奔主题、简洁明了的答案。

> "所有的旅行者首先都是梦想家。"
>
> ——摘自布鲁斯·查特文《巴塔哥尼亚高原上》

本章的另一个使命是让你即刻沉浸在这一奇幻的理

论之中，让你三言两语便能回答身旁穷追不舍、刨根问底的度假者向你提出的问题：人们耳熟能详的量子物理学到底是什么？当然，如果你已经知晓问题的答案，可以跳过此章。反之，若上文提到的某些专业技术词汇或不时出现的奥地利学者的名字让你有两脚在水中触不到底的感觉，请不要担心，前路不会暗淡无光，下文的讲解会为它增光添彩。

在这里，需要明确指出的是，本书并非要带你攀登量子物理的珠峰，而是为你配备好工具，助你到达第一个基础营地，并为你今后从更难攀登的北坡独立登顶传授关键要领。

当然，本书也并非意在剥夺你攻克难关的乐趣。的确，书中对有些难懂的部分进行了适当的简化或者使用了相似度极高的类比来帮助你理解，但这场非凡之旅对你提出的要求却并没有降低，它依然需要你高度专注、对知识充满渴求并做出一定的努力。正如拥有演员与诗人双重身份的雅克·甘布林所说："没有压力，就没有输赢。有了渴望，就有了竞争和乐趣！"

量子物理学，一言以蔽之

　　爱因斯坦曾用相对论的重要推论——著名的公式 $E=mc^2$——来表明"一切皆能量"，或许我们也可以用下面这句话来概括量子物理学的精髓：

　　　　一切皆波动！

　　一切皆波动，一切都是"波"，像石子抛入水中后泛起的涟漪，像麦穗在风中形成的波浪，又像被乐器赋予了生命的旋律。但与这些我们在生活中常见的可感知的波不同的是，量子波不是以物质形式存在的波（与声波不同），它是看不见的（与光波不同），用任何方式都无法观察到。它是抽象的，属于另一个世界，一个想象中的数学世界，但它所产生的物理效应却能作用于我们所处的这个世界！

这种令人匪夷所思的作用是怎样产生的？那个抽象的世界与我们所处的现实世界之间有着怎样的关系？这种关系的本质又是什么？这些令人琢磨不透、困惑不已的问题促使着科学家们去重新审视"测量"的概念，从深层次去理解什么叫"观察"，甚至对"现实"这一概念重新加以定义。

量子物理十问

1. 量子力学何时诞生？为何诞生？

量子力学是当今物理学的两大主要基本理论之一，另一个是爱因斯坦的广义相对论。

量子力学原理是在 1900—1930 年由一个以欧洲人为主的研究团队一步步构建起来的。如果说爱因斯坦和路易·德布罗意先后于 1905 年和 1923 年分别引入了光子和物质波的概念，由此为量子物理的诞生贡献了一分力量，那么，对理论加以完善并使其最终成为我们今天所知的量子理论的主要贡献者其实是沃纳·海森伯、埃尔温·薛定谔、保罗·狄拉克、尼尔斯·玻尔、沃尔夫冈·泡利和约翰·冯·诺伊曼这几位物理学家。

事实上，量子力学之所以诞生，是因为仅凭那个时代的理论（即以经典力学和电磁学为主的理论）已无法解释新的科学实验和观测结果。后来，那些旧的理论就被人们称为经典物理，与量子物理相对。

那些当时无法解释的主要科学实验和观测结果，将光与物质间的相互作用（如一个恒温物体辐射的问题）引入到了物理学中。

2. "量子"为何意？

法文中用 physique quantique 来表示量子物理。quantique 这个词源自拉丁语 *quantum*，意为"有多少"。*quantum* 在现代法文中指代的就是"量子"，即"小粒子"，如果没有明确指出该粒子的性质，那么言下之意就是"能量小粒子"。从广义上说，任何能与量子物理有关联的概念或效应，无论关系远近，都可以纳入"量子"的范畴。那么，量子效应其实就是一种用量子物理进行预测或描述的效应。

更准确地说，当两个物质发生相互作用时，构成一个物理量的最小单位就是量子。因此，我们就用物理量的**量子化**来描述这一相互作用的特征。

之所以把量子称为"能量小粒子"，是因为光的粒子性得到了证实（光是以能量子的形式存在的，这些能量子也被称为光子），且广而言之，我们周围的一切物质都显现出这样的一种粒子性。比如原子，我们很容易把它**想象**成物质粒子，其自身就具有一种粒子性的能量结构。根据最新理论推算，甚至时间和空间都很有可能由时空粒子构成。

3. 量子物理学标志性的实验有哪些？

量子物理的探索者提出的颠覆性的原理和概念，需要大量的科学实验来证实。

毋庸置疑，最具代表性的实验是**杨氏双缝实验**（详见 29 页），该实验用两条狭缝凸显单个粒子的概率波概念，无论这个粒子是物质粒子（如电子或原子）还是光粒子（光子）。

另一些关键性的实验为量子物理初期的理论奠定了基础，尤其是那些证实了能量（光能或原子能）的量子化、**自旋**的存在以及**物质波**的真实存在的科学实验，这些实验都发生在离我们较为遥远的年代。近一些的则有证明量子纠缠和非定域性现象真实性的实验（1981 年阿兰·阿斯佩的实验和 2015 年罗纳德·汉森的实验），以及与一些基本粒子的发现紧密相关的实验，如 2012 年发现希格斯玻色子的实验。

20 世纪 90 年代，量子隐形传态的实现和相干物质波的产生（1997 年法国物理学家克罗德·科恩·塔诺季因此获得诺贝尔奖）为我们开启了量子世界的多扇大门。最后，自 2010 年起，经全球各地许多官方及私人实验，量子信息学和量子生物学实现了腾飞。

4. 这是一种得到充分证实的理论吗？

量子力学是一种得到极其充分证实的理论。它的升级版叫量子电动力学（内行人称之为 QED）。量子电动力学将光和物质间的相互作用与爱因斯坦的狭义相对论融合起来，被有的学者视为有史以来得到最佳验证的理论！（在这一点上，该理论与爱因斯坦的广义相对论旗鼓相当，在 2015 年人们发现了该理论所预言的著名的引力波后尤其如此。）

然而，量子电动力学无法被应用到数量庞大的原子和物质上，在这种情况下，可以用量子物理的简化版（即本书的主要内容）来描述观测到的现象。即使使用这种简化的版本，科学预言和测量结果很多时候也相当一致，但仍存在一些异常的量子效应（比如在生物学和超导领域）有待解释。

5. 量子物理学关注的对象是什么？

尽管量子物理主要应用于微观的领域，但其实量子效应存在于自然界的各个层面，从构成原子的基本粒子的亚微观层面，到人体、工业，再到宇宙天文学层面。

因此，量子物理关注的对象是世间万物，从无限小到无限大！我们甚至可以泛泛地说："一切都跟量子有关！"

实际上，确实有可能把任何单个物体或多个物体与量子波联系在一起，即便我们无法获知或很难获知日常生活中那些物体的量子属性。现在，有一个独立的研究领域专门研究我们所观测到的原子尺度的量子世界和一个貌似与量子关系较远、我们日复一日生活其中的世界之间的边界所在。

6. 这种理论与其他理论有什么不同？

与现代物理学的另一大支柱——广义相对论——不同，量子力学并非建立在一个准哲学的伟大原理之上，它与建立在运动相对性原理上的相对论是不一样的。量子力学的建立，事实上借助了一系列原理，但直至今日，这些原理的解释仍旧容易引起争论。有些人有时会将这些原理的集合比喻成量子力学大餐的"神秘配方"，这些奇怪的"秘方"里有着同样奇怪的"配料"，如概率波、自旋、量子跃迁等概念。

总的来说，量子力学标志着科学上确定性的终结，将人们导向对物理学中所有常用概念的全面而深层的质疑。定域性、唯实论、测量、空间、时间、因果、真空，乃至宇宙的唯一性和存在本身似乎也被一一推翻了！

量子力学还有一个奇怪之处，就是需要对它进行解释，而这种解释是一种对它那奇特的数学表述所进行的物理学上的解释。然而，尽管今天关于这个理论究竟是什么存在多种解释，但大多数科学工作者实际上都在一丝不苟地遵循物理学家大卫·莫明打趣时说的一句话——"闭嘴，算吧！"，也就是说他们只专注于量子理论中具有高度预言性和技术性的那些方面。

7. 假如量子物理学只有一个原理需要记住，那会是哪一个？

如果说只有一个原理需要记住，那就是波粒二象性原理。

有些人可能会觉得纳闷儿，因为波粒二象性其实并不是一个原理（而更应当被归为量子理论体现出来的一个属性，所以起先并没有被作为原理提出来），且这里用了"二象性"一词，这容易造成理解上的困难，也容易导致错用或滥用的情况发生。

然而，波粒二象性最终的确实现了对量子物理精髓的完美概括，即一切都是波，一切皆振动。光和物质都有两面性，它们既具有粒子的性质，即以粒子的形式存在，又具有波的性质，即以波的形式存在。然而，这里所说的波，并不是真正的波。它是抽象的，存在于一个数学空间里，而这个数学空间与我们所处的这个真实的物理空间是有区别的。因此，这个所谓的波粒二象性原理其实应当由另一个原理来取代，那就是"一切都可以用量子波来表示"。

从更专业的角度来说，我们说的更多是**量子态**，那么，正确的说法应该是"一切都可以用量子态来表示"。

8. 量子物理主要应用于哪几大领域？

从量子物理的起源来看，它是对构成物质的不同微观粒子进行描述的一门理想化的科学。这些微观粒子除了包括原子及组成原子的电子、质子和中子外，还包括所有更小的粒子，如中微子、夸克等，量子理论的一大应用领域就是著名的粒子物理学领域。粒子物理学旨在掌握基本粒子（如希格斯玻色子）的本质及其各种属性。

场、力、能量

如果说尼采曾经提醒过我们，"每个词都是一种偏见"，那么科学上所用的词更是有过之而无不及了，因为大多数科学术语的词义与其常用意思常常大相径庭。

譬如，"力"这一概念，指的是任何一种可以改变一个物体运动的作用。如果该物体在这个力的作用下发生位移，我们就说这个力对物体做了功，即能量从一点转移到了另一点。而说到能量，它的形式是千变万化的（动能、势能、热能、功等），它能轻易地从一种形式变成另一种形式，总体上却没有损耗。比如说，爬山就能将生物能转化成许多不同形式的能量，尤其是热能和重力势能。

宇宙中存在着许许多多不同的力（压力、摩擦力、科里奥利力等），我们今天对物理学有着与以往不同的理解，因而对力的研究也超出了四大宇宙基本力（按由弱到强的顺序依次为引力、弱核力、电磁力、强核力）的范围。每一种力都与一个场联系在一起。场是一个由一定时空范围内所有时空节点定义的物理量，有点儿像海面上某一点的水位。组成物质的粒子就可以看成是场的激发态（如同海上的波纹或轻浪），场与场之间的相互作用也是通过这些场所产生的粒子实现的。

将量子力学和爱因斯坦相对论的简化版相结合所形成的一系列量子理论的集合，我们称之为"量子场论"。其中，量子电动力学研究的是光和物质之间的相互作用，而量子色动力学研究的是原子核的结构。

量子理论另一个重要的应用领域是量子化学。人们在这一领域中试着去了解原子是怎样结合在一起形成化学键和分子的，并对这一过程进行建模。还有一个领域，即固体物理学领域，在这一领域中，人们探索的是宏观世界物质的结构，试图弄明白为什么某种材料是固体，它为什么能够导电和导热，又是如何导电和导热的，是否有可能制造新材料……这一领域与微电子和纳米科技有着密切的联系。

9. 量子物理与我们有什么关系？

首先，量子物理从实验室里走出来已经很久了！

举几个例子：所有电子设备的组成部件（激光二极管、晶体管、闪盘等）的工作原理，都是基于一个名叫

"隧道效应"的量子效应；GPS 那一类的系统所依赖的超精准、超稳定的时间基准都是由原子钟提供的；我们利用的核能和太阳能也依赖于量子过程；激光外科手术和医学可视化技术更是如此。总而言之，在我们周围发生的几乎所有物理过程，从光合作用到我们的手无法穿透这页纸或平板电脑（如果你购买的是本书的电子版的话）的事实，这些都与光怪陆离、令人匪夷所思的量子世界息息相关。

同样，量子物理也经常出现在我们的日常生活中，而它现身的形式嘛……是词语！雷蒙·普恩加莱就很乐于称其为"神秘的灵魂路人、大魔法师和群众中可怕的带头人"。为什么这么说？因为"量子"一词非常时髦，文学作品里也充斥着从"量子"一词衍生出的许多词语，涉及那些看起来与常见的量子物理应用领域毫无关系的医学、哲学、体育、艺术及各种精神层面的领域。

翻开这本书的时候，其实你就已经做出了选择，你想了解人们时常误用的那些量子物理学领域的专业术语的真实含义，于是你给了自己一个机会，让自己学会辨别哪些说法是滥用的、不可信的，哪些是即便在数学和物理学上并不正确却不失趣味、由灵感而发或能启迪众生的。

最后，如果说量子物理在今天只占据了我们日常生活的一部分，那么明天它必将大举入侵！向我们袭来的是纳米粒子、以石墨烯为代表的超薄新材料、为银行系统和投票选举提供安全保障的量子密码学、人工智能、未来的计算机、量子生物学……

10. 为什么光是量子物理学中的主角？

光曾是量子物理学中的主角，并将继续担任主角，原因有以下几点。首先，量子物理学是 20 世纪初人们在研究光的性质时诞生的。光的历史性角色在多个层面都起到了关键作用。例如，光的粒子性指引人们研究出了"量子化"这一重要概念，而光与物质间（通过量子跃迁偶然产生）的相互作用所具有的随机性又成功地使科学家们相信可观测世界存在最基本的概率性。最后，由于光具有双重性质，即波动性（光波）和粒子性（光子），德布罗意和薛定谔才有了将波与任何一种粒子联系在一起的想法，如此一来，波粒二象性的概念也就推而广之地与任何一种实体（无论是光还是物质）建立了联系。

光在探测物质的过程中也起着极为重要的作用：无论一个原子位于何处（是在地球上还是在浩瀚宇宙的尽头），通过分析它释放或吸收的光，我们就可以确定它的能量"条形码"。由于光具有极高的纯度和易操作性（如激光和光学仪器），因此在几乎所有的量子物理实验中，无论是准备、控制还是测量重要的物理量和物理系统，光都是不可或缺的。光可以轻而易举地产生量子叠加态和纠缠态，这也正好说明了为什么在量子信息和量子隐形传态中光都处于核心地位。

由于光是物质粒子间电磁相互作用的载体，因此它还是量子电动力学理论的一块基石。光子是纯能量粒子，光子测试系统在今天已成为模型系统，用于测试与量子物理潜在扩展领域有关的那些最大胆的研究。

第二章

光和它的双重面孔

多个实验和现象都揭示了光最基本的双重性质，它既是波又是粒子（光子）群。波粒二象性是量子力学这一新理论为众人知晓的第一个特征。

"不是没有光照进我们的眼，而是我们的眼里没有光。"

——居斯塔夫·蒂蓬
《我们触不及光的目光》

20 世纪之前存在的一切，在进入 20 世纪后，其原有根基无不经历深刻且不可逆的剧变，我们的知识体系和生活中的每个领域——政治、经济、哲学、医学、教育、文学、绘画、建筑、物理、生物无一例外。20 世纪上半叶，我们见证了各个领域中专业知识、技术及价值观的彻底转变。这些人文的、知识的剧变存在一些共同点，而其中之一，也是有趣的一点，便与量子物理的一个主要特性密切相关，那就是确定性的崩塌！

这首先体现在空间和时间上，也体现在物质本身及其稳定性、不变性及定位等不同层面。光的确定性也随之崩塌，它充满神秘感的波粒二象性为之后爱因斯坦、普朗克、玻尔签署量子物理的"出生证明"提供了珍贵的"羊皮纸"。

1900：历史上的重要节点

在一种微妙的共鸣和对世纪末这一特殊阶段的明显偏爱之下，前文提到的大多数剧变都选择了 1900 年作为起始年。

例如，在数学界，大卫·希尔伯特（1862—1943）在这一年的 8 月就引爆了一场数学革命。他提出了革命性的希尔伯特纲领和 23 个问题，后者引发了一场对数学领域根基与结构的全盘质疑。质疑声不断高涨，直至1931 年达到高潮。那一年，库尔特·哥德尔提出了著名的不完备性定理，推翻了数学领域中各部分的内在一致性。

在艺术领域，当塞尚开始创作《大浴女》，当高迪在巴塞罗那完成了他的卡尔维特之家时，所有的新艺术便在世纪之交蓬勃发展起来。当埃克托尔·吉马尔为巴黎地铁站入口的设计勾勒草图时，克里姆特正想着他那性感的《朱迪斯》，勋伯格正考虑放弃调性……1900年，也就是毕加索在巴黎举行作品首展的那一年，如同一则蓄势待发的未来宣言，预示着现代艺术的立体主义、达达主义和超现实主义革命的诞生。

1900年，当魔术师哈里·胡迪尼在欧洲各国首都巡演后成为家喻户晓的明星时，鲁德亚德·吉卜林正触及他的荣耀巅峰，奥斯卡·王尔德却飘飘仙逝，路易斯·阿姆斯特朗、雅克·普莱维特、圣埃克苏佩里、路易斯·布努埃尔、罗贝尔·德斯诺等也降临人间。

在哲学领域，尼采于1900年离世，罗素对形而上的思考开启了存在主义和分析哲学的世纪。也是在这一年，胡塞尔的第一部巨著出版，荣格完成了他的博士论文，弗洛伊德正在推敲打磨他的精神分析理论。

如果说社会主义激进分子罗莎·卢森堡和语言哲学家维多利亚·维尔比夫人的名誉在当时已至巅峰，那么，另一个崭新的世纪则在印度浓厚的知识分子气息之下缓缓拉开帷幕。对此，爱因斯坦的朋友——诗人泰戈尔——功不可没，哲人僧侣辨喜也贡献良多。后者将印度教和吠檀多哲学介绍到了西方世界，对欧洲众多科学家的思想产生了深远影响，这一点在薛定谔身上尤为明显。

极为巧合的是，物理学领域在这一年也发生了剧变。英国的开尔文勋爵则是引领剧变的第一人。1900 年 4 月，他在一堂课上正式地将当时**经典物理学**天空中的两朵乌云提了出来，即以太的存在问题和黑体问题（我们之后会讲到）。这两个问题最终催生了 20 世纪的两大重要理论——相对论和量子力学。

8 个月后，也就是 1900 年 12 月，普朗克实现了第二次超越，他提出了光与物质能量交换的量子化假说。这一假说最初被认为是为了解决黑体问题而专门提出的一种数学妙计，却在不经意间成了后来物理学世界观变化的源头，而这一变化便是量子物理学的核心所在。

20 世纪初的这一段时间在科学文化发展史上起了承上启下的作用，也宣告了一场全球性政治、经济和社会层面上的复兴，这种复兴既有解放之感又令人生畏！维多利亚女王统治时代即将完结之时，也正是非洲的发展初期，这段历史时期为其 50 年后摆脱殖民束缚奠定了基础，但其间也有很多人遭受迫害。

巴黎国际博览会之后，在南非爆发的第二次布尔战争中就发生了 20 世纪的第一次大屠杀，这不由得让人担心，全世界 16 亿生命的未来或将笼罩在阴霾之下。在这 16 亿人中，一位来自奥地利名叫埃尔温的 13 岁少年正在念初中。他通晓多种语言，酷爱戏剧，还不知道自己的姓氏有一天会成为一个崭新的、革命性的物理学的标志。在这个物理学的世界中，一切都是波，同时也是粒子。我们首先要讲的，便是人人每日沐浴其中却神秘难解的光。

光是一种波吗？

19 世纪末，一切或几乎一切都让人们相信科学工作已穷尽，科学事业已完备，自然界的主要法则都已汇编在册，只剩下一些微不足道的小问题有待解决。物理学家阿尔伯特·亚伯拉罕·迈克尔逊曾于 1894 年预言，科学的未来在于探寻小数点后第六位的数字，也就是说未来的科学工作只不过是提高计算和测量仪器的精确性罢了。

在那个时代的"小问题"中，有两个似乎是厘不清的，那就是众所周知的物理学晴空中的"两朵乌云"。1900 年 8 月，开尔文就这两个问题向英国皇家科学研究院做了报告。一是关于地球相对于以太的运动。所谓以太，就是那个时代人们假想的微小物质，人们认为宇宙空间中充满了以太，"从而撑起了这个世界"。另一个问题是关于热和能量之间的联系，特别是固体物质吸收能量的方式。与此相关的是比热异常问题：比热（使1千克的某种物质的温度升高1摄氏度所需要的能量）随温度的下降而下降，这与当时物理学经典理论所预言的比热恒定不变相矛盾。

第二朵"乌云"还与一种物体在恒温下的辐射有关。人们也将这一问题称为"黑体问题"，因为在它的温度与环境温度相同时，这种物体不会发出可见光，所以在我们看来就是黑色的！（当然，光波是看不见的，正如我们的皮肤在夏天受到紫外线照射时总会提醒我们紫外线是看不见的，却是真实存在的一样。）光波的强度，就像在实验中测出的那样，与经典物理学理论预言的结果并不一致。这便是黑体问题的由来。

正是这两个问题催生了现代物理学的两大支柱理论，这两大理论都是由爱因斯坦在1905年通过发表一系列不同凡响的文章提出的。

颇具相对性的科学终结论

有意思的是，我们发现激昂地宣称科学即将走到尽头这样的事情在一段时间后总会再次出现，且出现的时间点往往是世纪末，虽然这只是表面上的迹象。从这一点上讲，20世纪末的人们无须羡慕 19 世纪末的时代，因为那一时代更为夸张地宣称过一个完备的"万物理论"即将完成（事实当然并非如此）。

然而，恰恰是在这些傲慢自负的年代，各种实验、计算或观测结果纷纷涌现出来，推倒了这座美丽的经典大厦，或者至少使其出现了裂纹。开尔文 1900 年提到的那两朵乌云似乎在现代社会产生了回音，如今科学上的乌云被称为暗物质、暗能量、高温超导、生物体内怪异的量子效应、量子测量问题、能量沙漠和标准模型常数、物质和反物质的不对称性、时间之箭的存在、超高能宇宙线的起源……当然，还有量子力学与广义相对论之间无论是在数学上还是在物理学上的极大不相容性。

虽然某些前辈大师（包括皮埃尔·伽桑狄、笛卡尔和牛顿）认为光是由粒子（即发光的极小能量粒子，也就是后来我们命名为光量子或光子的东西）组成的，但到 19 世纪末 20 世纪初时，人们已经有了充足的理由认为光是一种波。

17 世纪末意大利的格里马尔迪和荷兰的克里斯蒂安·惠更斯进行了一系列实验，从那时起，有一点已成为不争的事实，那就是只有光的波动理论才能解释光的干涉这一奇怪的物理现象。

根据其常用的意思，**"干涉"**这个词可能会让人联想到"干扰"，但其实这里的干涉与任何一种干扰都无关。我们在日常生活的许多情境中都会遇到光的干涉现象。当发生光的干涉现象时，微观结构会使光波发生偏折并对其产生影响（也被称为衍射）。比如，肥皂泡或油膜上会呈现出七彩色泽，CD 碟片的槽纹也会使表面产生色彩斑斓的条纹。人们通过一个简单且具有标志性的实验完美地证实了光的干涉现象，这就是杨氏双缝实验。

在活泼开朗、光芒四射的物理学家理查德·费曼（1918—1988）看来，这个双缝实验甚至可以说是物理学最美的实验。从双缝实验的那些变体实验在近些年所引发的有关时间和空间的问题来看（见第五章），毫不夸张地说，双缝实验也绝对是众多实验中最吸引人、最具神秘感的实验。

然而，它又是如此简单，仅仅是将光照射在一块不透光的双缝板（或双孔板）上并观察后屏上光的强度而已。

如果前板上只开一条缝，光照的结果就是后屏上呈现出一条与前缝宽度近似的光带（由于衍射现象的存在，光束通过洞或缝后会扩展开，所以实际上后屏上的光带比前缝略宽）。当前板上开了两条缝时，我们还

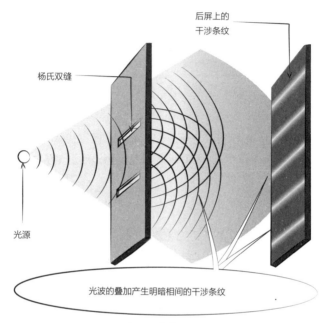

杨氏双缝实验图示

天真地以为两条缝正后方的屏上可以看到两条光带。当然，当这两条缝足够宽且相隔足够远时，我们的确会观察到这样的结果。但当双缝特别狭窄且离得足够近时，一切就全然不同了！

在这种情况下，我们在后屏上光照叠加的区域观察到的并不是两条光带，而是一连串狭窄的明暗条纹，有点儿像皮埃尔·苏拉热为孔克的教堂所创作的彩绘玻璃窗上的图案。通过测量，我们甚至发现这一区域中光的强度是有周期性的上下波动的，就像正弦曲线那样，亮条纹对应着波峰，暗条纹对应着波谷。

我们需要达成共识的是，实验中最令人惊讶的不是后屏上某些地方（亮条纹对应的地方）的光比前板只开一条缝时要多。不，不是这一点。最令人困惑的是，有的区域虽然被两束光照到了，却完全是暗的！如此一来，光上加光的结果竟是黑暗！剧作家奥利维耶·庇曾经说过，"诗人应该用光明来制造黑板"。那么，我们现在可以说，诗人已不再是唯一可以用光明制造黑板的人了，因为黑暗可以不是光明的反面了。

但如果我们觉得这一奇怪的现象与自己的直觉相悖，那主要是因为我们还没有习惯把光看成一种波。我们可以很好地证明后屏上的暗条纹之所以暗，并不是因为没有光线照过来，而是因为两个关系微妙的波叠加到一起，抵消了对方。

什么是波？

"波"这个概念，事实上涵盖了许许多多看似相去甚远的现象。其中，有水中的涟漪、海洋上的浪、弦的振动、声波或乐波、冲击波、地震波、光波，有热传导、电流、化学反应、流行性疾病产生的波，有公路交通变缓时产生的波，还有谣言、思想等产生的波……

这些波都有一个特点：总是有信息在传播，传播的介质可能是物质也可能是空间。这一信息的转移有时也是能量的转移，不（怎么）需要借助物质，而是得益于一个物理量的振动。这一物理量，充满一定时空范围内的任何时空节点，我们通常称之为场。

波可以是标量（也就是一个数，如同天气预报中气温气压图上标注的那样），也可以是矢量（即"箭头"，有长度，在空间中也有方向，就像罗盘中由指针显示出来的地球磁场一样），还可以是其他更加抽象的量，如张量（用于描述著名的引力波）。

比如，对于一股我们从躺椅上看到的海浪来说，波在某一点的大小就是这一点的水位。对于声波来说，波是分子的振动。这种振动在一种物理介质中（以声速）逐渐传播。在空气中，是空气分子在振动，而在某种材料中，则是组成这种材料的原子在振动。我们可以选择原子的压力或运动作为定义波的物理量。

与海浪和声波不同的是，光波不需要物质载体便可以存在，且能在真空中传播（因此在宇宙空间中，激光剑那永恒的寂静感令人害怕）。与之相关联的物理量是一个矢量场，即电磁场。

在量子物理学中，概率波讲的是一个物体（原子、分子等）在某一处出现的概率，是一种标量波。空间中的每一点都对应着一个数，数值在 0 到 1 之间不等，且可能随着时间的变化而变化。在所有数值为 1 的地方，作为探测对象的物体就肯定能被找到（即概率是 100%）。同理，在所有数值为 0 的地方，也有一点可以肯定，那就是该物体无法被探测到。而数值在 0 到 1 之间的任意一处（如 0.59 或 0.37），位置测量的结果就不能肯定了，它是随机的，被找到的概率与这一处的数值相等（如数为 0.59 那一处的概率是 59%，数值为 0.37 那一处的概率是 37%）。

为了弄懂干涉条纹为什么会是明暗相间的，让我们来想一想水面上的波纹，这比光波更加直观。

当我们将一块石子掷入平静的水中时，会产生同心圆般的波纹，波纹随后会向外扩散，逐渐弱化。但这里要注意的是，并不是水在扩散，水只是有规律地上下起伏，并没有向着波纹扩散的方向移动。真正在扩散的，其实是信息（即掷入水中的是一颗什么样的石子。比如，小石子产生的波纹和大石子产生的波纹是不一样的）和能量（位于较远处水面上的一个漂浮物会随着水波在那里产生的波峰和波谷以交替的节奏上下起伏）。

如果我们用手或一个物体有规律地轻触水面，就可以产生与上文所讲的一样的波，但这种情况下所产生的波是持续的，我们称之为行波。波纹在离振动区域较近处是环形的，但渐行渐远时会变得越来越直（或越来越平），有点儿像大海上的长浪。

在这种情况下，水波最高隆起处与原静止水面的高度差就叫波幅，即波峰与波谷高度差的一半。相邻两个波峰或波谷之间的距离叫波长，也就是一次振动过程中波所前进的距离，振动的时长叫周期。周期的倒数叫波的频率，即振动在某一处每秒钟产生的波峰／波谷数。

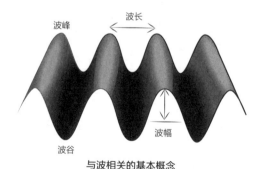

与波相关的基本概念

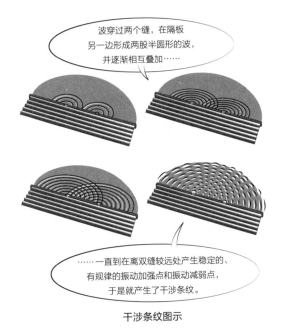

干涉条纹图示

波的频率和波长之间的关系就很明显了：波的频率越高，波长就越短，反之，波的频率越低，波长就越长。

当一束平面波遇到一面有一个小孔的隔板时，有一部分波会穿过小孔到达隔板的另一面，且波形在另一面会变成半圆形（由于穿过小孔产生衍射现象所致）。如果面板上有两个小孔，就会有两束波分别穿过两个孔，当它们相遇时就会叠加在一起。在某些地方，两束波的波峰会相遇，于是就会叠加产生双倍高的波峰。

还有些地方会有两个波谷相叠加，得到双倍深的波谷。这两种情况中的两波相遇处，我们称之为振动加强点。在这些点上，两束波的相位是相同的。相反，在波峰与波谷叠加处，水位的上下变化相互抵消，水面看起来就是静止不动的。在这种情况下，两束波的相位是相反的，交汇处就叫振动减弱点。

这样一个由振动加强点和振动减弱点组成的网状图，我们就称之为干涉图。图中隔板上的两个孔与前面所讲的研究光波的杨氏双缝实验中的那两条缝异曲同工。通过小孔穿过隔板的半圆形波在振动加强点发生了增长性干涉（相长干涉），而在振动减弱点发生了抵消性干涉（相消干涉）。水波实验中的振动加强点和振动减弱点分别对应的就是我们在杨氏双缝实验中看到的明条纹和暗条纹。

但是，如果光是波的话，那它又是怎样的一种波呢？换句话说，我们都知道是水位的变化形成了水波，那对于光来说，又是什么在变化呢？这一问题的答案，在 1865 年由苏格兰物理学家詹姆斯·克拉克·麦克斯韦（1831—1879）部分揭晓。他给出的答案虽然并不完整，但其影响力毫不逊色于牛顿著名的《自然哲学的数学原理》和爱因斯坦 1905 年在相对论上取得的革命性科学成果。

麦克斯韦在一篇长篇论文中完成了一次真正的壮举：他补充并综合了迈克尔·法拉第的研究成果，指出电和磁（在此之前一直被认为是两种不同的现象）可以被视作同一种现象的两个侧面。这种现象就是电磁现象。他得出了四个著名的方程式，并由此预言世界上存在一种不同于以往所知的新型波——电磁波。它是电场与磁场共同作用下的结果，以超高的速度（30 万千米 /秒）传播。最后，他指出，其实我们称作光的物质不过就是电磁波的一种特殊形式罢了，它的波长特别短，介于 0.4 微米（紫外线）和 0.7 微米（红外线）之间。

爱因斯坦眼中不连续的世界

既然光具备了波的所有特性，那么它就是一种波。它与所有在时空中传播的波一样，我们可以推知它的能量具有一切可以想象的值。至少，国际科学界在 1905 年之前一致认同这一说法。1905 年，爱因斯坦提出了具有革命性的光量子假说，一场非凡的人类智力历险由此真正展开，而这场历险就是对后来所谓的量子力学的探索。

爱因斯坦的过人之处并不是他的技术能力或数学水平，而是在思考一个问题的时候懂得变换角度。他好像是那种在一个看似无法解决的难题面前总能从提出问题时运用的那套思维模式中超脱出来的人。而通常，那些惊人的发现就是从汇聚简单想法的熔炉里诞生的。

关于我们这里所说的量子化——光是由发光的能量小粒子（或量子），即光子组成的这一事实，爱因斯坦革命性的观点若用通俗的话来说，就是冰雹落到鸡蛋上，鸡蛋会碎，而雪落上去，就不会碎！这个促使爱因斯坦提出光量子概念，继而使他获得 1921 年诺贝尔物理学奖的神秘现象就是光电效应。下面，我们就来说说光电效应的原理。假设我们想使电子从一个物体的表面逸出，让我们以锌为例。选择这样一个金属表面是比较明智的，因为金属表面的电子比其他材料表面的电子活跃得多，这使它们更容易逸出（这也是金属导电性和导热性强的原因），我们的任务也就简单了。

一种很容易想到的方法是将这一金属表面加热，把这锅电子汤"煮沸"。但如果我们只有一盏灯，这盏灯只能发出很强的红光或者很弱的紫光，而我们的目的是使表面逸出的电子数达到最大值，那么该选哪一种颜色的光呢？出于让锌升温的考虑，选择强烈的红光吗？结果会让我们大失所望，因为虽然锌会升温，但却没有一个电子逸出表面。相反，在很弱的紫光照射下，金属表面虽然依旧冰凉，但我们发现立刻就有电子逸出！

电子的逸出的确有让人匪夷所思之处。紫光的波长是红光波长的 1/2，我们当然可以推知紫光的频率是红光的两倍，它的振动比红光快一倍。但这能说明强度较弱的波能使电子逸出吗？如果光只是波的话，那么这似乎太难理解了。这就好像一圈小小的水波可以冲垮一座

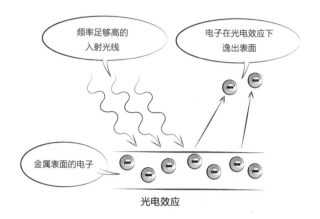

频率足够高的入射光线

电子在光电效应下逸出表面

金属表面的电子

光电效应

浮桥，也可以破坏鱼竿的浮子，但波长很长的强浪却不具有破坏力一样！

电子是否在光照下逸出取决于波长，这一点很微妙，然而正是这一点让爱因斯坦得以在 1905 年把问题解释清楚。他认为，任何一种光事实上都具有粒子性，正是这些相关的粒子（能量粒子或光子）能在与电子碰撞后将能量传递给电子使其逸出。而且，每个光子的能量大小是与光的频率成正比的，因此，紫光光子的能量大，红光光子的能量小。

于是，当我们将光照射在金属表面时，光子就与金属表面的电子发生碰撞（有点儿像打桌球时球与球之间的碰撞），将能量传递给电子，使电子逸出表面。如同鸡蛋（电子）在冰雹（光子）的撞击下会破碎，而在雪

（光波）的抚摸下则完好无损。与我们的直觉相反的是，决定光电子是否能逸出的并不是光的强度而是它的波长，而能够引发光电效应的阈值波长则是所选金属的一个属性，也就是说，每种金属的阈值波长是不同的。

人工视网膜和月球上的尘埃

光电效应的主要应用是显而易见的，它将光能转化为电流！相关产品不胜枚举：光电池、光电二极管、光电倍增管、数码相机中的 CCD（感光耦合元件）传感器和 CMOS（互补式金属氧化物半导体）……科学家检测光波的能力越来越强，甚至可以探测单个光子，这在近年来为人工视网膜的诞生等仿生学上的壮举开辟了道路！

然而，任何事物都有两面性。我们也发现，物质在被光线照射后会改变原有的电中性属性，慢慢带上正电（因为在不断地失去电子）。对于持续被太阳光照射的卫星来说，这一现象很快就会导致问题：卫星上的电子设备会受损。一种可行的解决方法是将卫星表面覆上一层材料，比如说铂，它的光电阈值特性保证了它不会受到太阳光的影响。

物质表面在光电效应下带上正电的现象，在月球上也能看到。月球表面有一层薄薄的尘埃，在静电斥力的作用下持续处于悬浮状态，就像是尘埃粒子与光粒子那迷人舞姿的见证。

黑体辐射与普朗克常数

诗人克里斯蒂安·博班曾说："天使般的一颗盐粒，如同新生儿的泪珠。"其实，每一个光子都是纯能量，一种纯粹的电磁能，这种电磁能的能量值 E 与相关光波的频率 f 成正比：$E = h \times f$。

爱因斯坦的这个方程解释了光的波粒二象性，在真正意义上为量子世界观开辟了道路。量子世界观认为，任何一种频率为 f 的波动现象都与名为"量子"，能量为 $h \times f$ 的粒子有关。两者之间的比例系数 h 就是普朗克常数。1900 年，德国物理学家普朗克在研究光与物质间的相互作用时引入了这一常数，因此，为了纪念这位伟大的科学家，这一常数就以他的名字命名。它甚至可以说是量子物理学的标志。

每一个理论都有它特定的常数

在物理学中，每一个基本理论都可能与一个特殊的数字相关联，我们把这一数字称作常数。每个理论都有自己的常数。从某种角度来看，常数就像是理论大作的签名。

比如，爱因斯坦的相对论中有一个常数 c，c 就是光在真空中传播的速度，即 30 万千米 / 秒。同样，牛顿的万有引力理论中有一个引力常数 G，而在微观（原子的运动）与宏观（热、压力、熵……）之间搭建桥梁的统计物理学理论中也有一个常数，那就是著名的玻尔兹曼常数 k。

换句话说，数学公式里出现物理常数时，我们立刻就知道这个常数对应的是那个与它相关联的理论。因此，我们可以预计到的是，每一个与量子物理有关的结果或公式里都能看到常数 h。

普朗克常数 h 的物理单位是能量乘以时间，用专业术语来讲，就是作用量（与功率不同，功率是能量除以时间）。这个作用量 h 的值用标准单位来表示，就是 0.000……0663 J·s。其中，省略号代替的是 29 个 0！

与这微小的单个量子的作用量相比，我们日常生活中许多现象和运动的作用量就可以说是巨大无比了！也就是说，这些现象并不是由于量子效应而产生，也不受量子效应的控制。比如，我们出行产生的作用量就是 h 的几十亿乘以几十亿乘以几十亿乘以几十亿倍（天哪！）。而小小的一粒花粉飞舞时产生的作用量，也还是能达到 h 的十亿乘以几十亿倍！

虽然难以察觉，但我们的身边存在着不计其数的量子效应！甚至可以说我们周围的一切都与量子有关，连我们自己也是。因为，我们之后会讲到，原子本身的大小和物质的稳定性是直接取决于普朗克常数的值的。h 值略微小一点儿，物质就会崩塌；略微大一点儿，就会爆炸。

比如，在一个 h 值降至一半的假想世界里，我们都不敢看壁炉里的火，因为一旦看这些火我们就会被烤焦！这种特殊的辐射叫黑体辐射。1900 年，普朗克对黑体辐射给出了部分解释，并因此于 1918 年荣获诺贝尔物理学奖。

虽然被称为黑体，这一概念其实跟某种颜色并没有关系，而是与物体吸收和反射光线的特性有关。根据定义，黑体可以被看作一个与镜子完全相反的物体，也就是说，它不反射任何光线，而是统统吸收！所有入射辐射都会被黑体吸收，只有它自身的辐射会发散出去。假定这个物体的温度是均一的，那么该物体的颜色就由它的温度决定。早在几千年前，冶金和制瓷工匠就已熟知这一原理，他们懂得如何通过对温度的把控将物品打造成想要的颜色。

　　所以说，黑体并不一定是黑色的，如果是黑色的，那也只是我们肉眼看来是黑色的而已。比如，一个只在红外范围内产生辐射的常温物体，在我们看来就是黑色的；而恒星，比如太阳，产生的可见光波长范围内的辐射是最多的。也正是太阳这一黄色的黑体向我们发出辐射，促进温室效应，地球表面的温度才得以维持在不高不低，适合生命存活的范围内。同样，在夜间，得益于

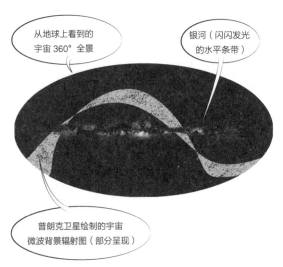

宇宙微波背景辐射图与地球上看到的宇宙全景图
双图叠加

从大气层反射回地面的红外辐射，我们才不至于在日落后冻僵。

某些黑体甚至还能成为工业、军事或艺术领域里人们求之心切的东西，如最近出现的由碳纳米管制成的超黑材料，其对可见光范围内的光线的吸收率接近100%，算是几近完美的黑体了，就像许久以来作用在我们身上的宇宙微波背景辐射一样。

这种宇宙中随处可见的热辐射，是著名的"宇宙大爆炸"的一个主要阶段的产物。科学家认为"大爆炸"始于一个奇点，整个宇宙的时间、空间和所有物质能量都源自这个奇点。许多尖端的航天任务都将准确绘制宇宙微波背景辐射在宇宙中的强度定为目标。目前欧洲航天局最新的宇宙辐射探测器是"普朗克"探测器，它使我们能够更细致地了解可观测宇宙可能的形成过程。

第三章

量子跃迁与确定性的终结

和光一样，原子的能量也是量子化的。原子能级间量子跃迁的随机性使科学家们得出了量子物理的第一个数学方程式，方程式里的数字多得能写几黑板，这令科学家们困惑不已。

"真正的创造性通常始于语言穷尽处。"

——亚瑟·库斯勒
《零和无穷大》

那么，光，究竟是波，还是光子的集合呢？阿根廷诗人安东尼奥·波契亚（1885—1968）这样写道："一切都有点暗，直到光的出现。"事实上，光同时具有波的性质和粒子的性质，二者是不可分割又令人糊涂的矛盾体。如同罗马神话里的雅努斯双面神一样，光也有两张面孔，而量子物理学之前的经典物理学完全没有意识到这一点。

然而，能量的量子化以及波粒二象性并不是光的专属特性。物质本身也具有许多深不可测的奥秘和人们凭直觉无法理解的性质，其中有两点与光的粒子性有直接关系，那就是原子能量的量子化和量子跃迁的概念。

　　原子能级间不可思议的量子跃迁也是量子物理另一个基本特性的根源，这种基本特性就是观察到的物理现象具有天然的随机性。也就是说，实验观测具有不可避免的偶然性，而这种偶然性与测量仪器的精准度无关。如此说来，在量子世界里，测量或实验的结果通常不是人们可以很确信地预计到的，所得到的结果只是有可能出现的情况罢了！

能量的不连续性与量子跃迁

纵观科学发展史，人们对原子能量量子化的认知经历与对光的认知经历如出一辙：先是承认了光和物质间能量交换的量子化，而后逐渐认识到量子化的是能量本身，也就是说，原子只有一些特定大小的能级，每一个原子或分子都有自己的一份能级表，上面写着它可以具有的所有能级，也只能具有这些能级！这个非常特别的能级列表（也叫谱）就好像是原子在宇宙中的"条形码"一样，借助这个"条形码"，我们毫无疑问就能辨识出原子的种类，无论它位于何处。

探测原子能量的不连续性，最有效的方法之一，就是利用光与物质间的相互作用。这里使用到的是光谱学的前沿技术，即记录并研究物体发出的光的频率（我们称之为谱线）。这些光的频率非常特别，它们与组成一个物体的原子的能级有着直接的关联，因此我们可以得出一个能级列表。

光谱学不仅在探索（门捷列夫元素周期表中）不同原子的过程中起了重大作用，还使现代天文学的发展实现了飞跃。通过分析来自宇宙深处的光线并将其"条形码"与我们熟知的地球上的光线的"条形码"进行对比，我们就能很精准地确定各恒星的组成成分与结构、太阳系外各行星上大气的组成成分与结构、各星系的形态与离速，把获取的信息汇总到一起，还可以解释如今的宇宙学并巩固其理论根基。

说到量子跃迁，这种现象出现在原子吸收单个光子并释放一个光子的基本过程中。发生量子跃迁必须满足的条件是光子的能量正好与原子的两个能级的能量差相等。就像一个淡定自若的僧人在楼梯上行走时控制着自

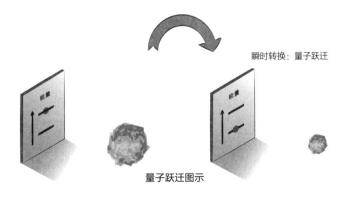

瞬时转换：量子跃迁

量子跃迁图示

己的步伐一样，步子迈得不能太大，也不能太小。

不仅如此，原子从一个能级转换到另一个能级是瞬间发生的！并且没有经过任何假想的中间能级。

如果这么说并没有让你觉得困惑不解，那么可以试着把上文提到的那位僧人在楼梯上行走看成量子跃迁。在这种情况下，僧人在踏上第一个台阶的一瞬间就能抵达第二个台阶！与现实生活中的跃迁相比，量子跃迁只有起点和终点，没有中间过程，就像是物质能量世界中的一种穿墙动作、一种没有过渡期的转移、一种超脱于时间之外的跳跃。

光子真的存在吗？

在光子的概念提出很久之后，科学界才接受了这一物理现实。1905 年，爱因斯坦为了解释光电效应提出了光子这一概念，但当时却遭到了冷落，人们只是将其视为一种便于理解和计算的图像或者简单概念。在这里，我们必须要交代的是，光子所具有的特性是那个时代所不容的。因为，与人们在 20 世纪初所了解的其他粒子相反，光子的质量为零！

甚至爱因斯坦自己也耗时数年才弄明白光的粒子性。就连 $p = h / \lambda$ 这一公式也是到 1916 年才提出来的，即光子的动量 p 取决于光的波长 λ。

动量，是一个描述运动物体惯性大小的物理量。比如说，在玩滚球或桌球时，一个球的速度可能会被全部传递给质量相同的另一个球，也就是说，第一个球会停下来，第二个球会以与第一个球速度相同的速度向前运动。这种情况下，动量是守恒的。火箭能够升空，同样也是这个道理，宇航员持续地利用这一点才得以在失重的状态下移动（朝后方喷射物质束流或气流，就能向前移动！）。

许多物理学家（包括普朗克和玻尔）都对爱因斯坦一系列公式的真实性表示怀疑，他们同样怀疑所谓的光子是否真实存在。在这些人当中，罗伯特·密立根因为在 1910 年用微小的油滴证明了电子电荷是量子化的而闻名于世。持怀疑态度的他决定用实验来检验爱因斯坦的一个公式：$E = h \times f$。1916 年，实验结果让密立根不得不承认这一公式与事实相符。另一个公式 $p = h / \lambda$ 则在 20 世纪 20 年代初由阿瑟·康普顿（宇宙射线之父）成功验证。康普顿通过实验研究电子对 X 射线光子的散射——一种偏离原方向的现象，这种现象同时伴随着频率的变化。这就是著名的"康普顿效应"。

"康普顿效应"与之后 20 世纪七八十年代展开的研究光子相关性的实验，最终消除了人们对光子真实性所产生的怀疑，证明了光子就是纯能量，而并没有化身为物质。

在量子跃迁过程中，动量守恒可以让我们理解一个非常重要的物理效应——光压（或辐射压）是怎么来的。当一个原子吸收一个光子时，其实它也吸收了光子的动量，这会推动这个原子沿着光子的入射方向运动。同理，当光子被镜面或任何其他反光的表面反射时，镜子就获得了双倍的光子动量（因为镜子先是吸收了光子，然后又将其发射出去）。

与彗尾方向（背向太阳）一致的太阳风、星际尘埃云和正在形成中的星系云所呈现出的"仙境"，以及辐射压，都对"太阳帆计划"等航空航天项目非常重要。其中，辐射压是核心。太阳帆宇宙飞船的推动力就来自一股特殊的风，而这股风，不是别的，就是光子风！谁人可知，或许有一天，我们也会乘坐这样一艘未来之船去往火星或海王星呢？

爱因斯坦的概率，闪耀着智慧的光芒

量子跃迁用其自身的即刻性改变了我们的经典物理学思维，将牛顿的物理现象在时间上的连续性这一神圣法则击得粉碎。不仅如此，它还隐藏着另一个非常惊人的特性：量子跃迁是在无法预料的瞬间完全随机地发生的。因此，当在同样的实验条件下制备出来的两个原子（拥有同样的能量及所有其他已知的微观特征）释放出一个光子时，光子不会在同一刻释放，因为原子释放出光子的时刻（以及方向）事实上是完全随机的。

这一次，又是爱因斯坦帮助人们理解了这个令人百思不得其解的现象。1916年，他发表了广义相对论这一伟大成果的最终版本。同样是在这一年，他提出了一个革命性的概念：原子吸收和释放光子的概率。之所以是革命性的，是因为爱因斯坦认为，通过微观实验观察到的随机性与我们在宏观世界里通常观察到的随机性（如掷骰子或玩彩票时的随机性）并不相同。他提出，量子世界的随机性，即原子和光子的随机性，是其自身固有的。这种随机性并非源自我们对所研究的物理系统的无知，因此用任何办法都是无法消除的。

爱因斯坦借此又提出了另一种发射过程——受激辐射：在一个光子的作用下，原子通过共振释放出一个相同类型的光子（可以看作一种抗吸收）。这种激发过程的应用范围非常广，因为它就是产生激光效应的源头，而激光的使用在我们日常生活中可谓无处不在：光纤通信、DVD 播放机、激光制导、卫星间传输、医学和工业上的消融和烧蚀术……

宇宙在逗你玩儿：上帝真的好像在掷骰子

令人觉得讽刺的是，是爱因斯坦最先在光与物质相互作用的描述中提出了固有随机性的概念，但随后他又加入到了那些反对者的行列中，否认量子随机性是内在固有的基本特征（他很肯定地说："上帝不掷骰子。"），并怀疑量子力学概率法则的有效性，而他却正是这一理论的开创者之一，甚至可以说是最杰出的开创者。同样具有讽刺意味的事也发生在他的朋友薛定谔身上，爱因斯坦无休止地与他探讨这迷雾重重的新式物理可能存在的漏洞。

　　但这种努力是徒劳的，至少时至今日仍然如此。

　　爱因斯坦认为，每个原子的光谱（即所有可能存在的原子能级间的跃迁）都对应着一系列的概率，这一系列概率构成了光和物质相互作用的三个过程（光子的吸收、自发辐射和受激辐射）的特性。这些概率后来被合称为"爱因斯坦系数"，这些系数还为我们提供了光谱学实验观察到的关于谱线强度方面的信息。爱因斯坦系数与一对对原子能级相关，它们的数量是无限多的，因而拿它们做一些大体的操作或是要描述它们的话，还真不是一件特别轻松的事。

　　于是，爱因斯坦想出了一个主意，即把每个原子跃迁的所有不同概率集合在一起，并以一个数字表格的形式呈现出来。这个表格有两个入口，有点像国际象棋的棋盘，但不同于棋盘的是，它的尺寸是无限大的。在这个特殊的棋盘上，棋格的命名不是像 A5、C7 这样的，而是"101；95"或"77；79"。命名一个格的两个数字表示的是与光子跃迁相关联的两个原子能级，我们也就顺带可以得知这种跃迁的光子的频率，如频率 $f_{101;95} = (E_{101} - E_{95}) / h$，频率 $f_{77;79} = (E_{79} - E_{77}) / h$。

　　所以，这些巨大（其实是无限大）的数表里汇集了原子吸收或辐射光子方式的所有相关信息：量子跃迁所允许的频率和量子跃迁的发生概率。说到底，仔细想想，1916 年爱因斯坦引入的这些数表显示了在那个时代人们可以获知的关于原子的一切信息。它们描述了可以用实验测量的所有信息，从一个不受任何理论或意识形态影响的独立观测者的角度，真正说清楚了"原子究竟是什么？"这样一个问题。

　　这就是爱因斯坦看待原子的方式。正是在这种方式的指引下，年轻的后生沃纳·海森伯提出了我们今天所说的量子物理的第一种数学表达。

请不要读这篇附文！

　　在量子物理正式诞生之前，一些新的研究方法出现了，它们试图解释原子的物理结构和量子跃迁。这些方法既不完全属于经典物理的范畴，也还未成为真正意义上的量子物理方法，如同一种稀奇古怪的巴洛克式烹饪法。比如，著名的玻尔－索末菲模型。在这种模型中，一个原子的结构被想象成一个有圆形或椭圆形轨道的整体，在这个整体内部，该原子的电子围绕原子核沿轨道运动，并在轨道间跃迁。这样一种类似行星沿轨道围绕太阳运动的图景（原子核相当于太阳，电子相当于行星），看起来既简单又令人安心，用起来也的确方便，直到今天人们还在大范围地这么用，这么教，但事实上这个模型完全错了！

既然如此，为什么还要提这个模型呢？尤其是我们知道在介绍了这个错误的模型后，我们头脑中对这个模型的印象很可能会加深的情况下，因为要把错误的印象从脑海里赶走，势必先要在脑中形成错误的印象。（当我们的大脑接受一个以否定句表达的命令时，经常会导致相反的结果，比如，我们对一个小孩子说"不要跑！"，结果孩子做出相反行动的可能性会很大。）但在这里，提一下错误的模型还是有意义的，因为意识到原子到底是什么模样是极其重要的。电子完全不是像地球围着太阳转那样绕原子核在轨道上运动的！

最新的显微镜观测结果显示，与原子的真实模样最近似的图景是这样的：奇形怪状（根本不是球形）的原子核位于原子的中心区域，这片区域非常小，原子核周围是一团电子云，其中偶尔能探测到电子。这团电子云的结构是一层一层的（叫轨道函数），电子云密度越大，发现电子的概率也就越大。

这样的图景是不是远没有行星模型那么简单？但你又想怎样呢？正如葡萄牙作家费尔南多·佩索阿（1888-1935）所说："想看到田野和河流，仅仅把窗子打开是不够的，就像想要看到树木和鲜花，仅仅有一双没有失明的眼睛是不够的一样。"

海森伯无穷尽的数表

在著名物理学家尼尔斯·玻尔的指导下，德国物理学家沃纳·海森伯在哥本哈根开展研究工作。当他将爱因斯坦的方法推广至所有可测量（在量子物理学中，我们用"可观测"这个术语）的物理量时，海森伯年仅23岁。他先是明白了爱因斯坦那种数表形式的描述不仅仅限于能量领域，而是可以推广至所有物理量，如位置或速度。然后，他又弄清楚了如何利用这些无穷尽的数表，以及如何用明确的规则在数表间进行操作，从而得出同类型的其他数表。

在数学专业术语中，这些数表被称为矩阵（源自拉丁语 *matrix*，即 *mater* 的衍生词，*mater* 意为母亲），人类最早使用矩阵可追溯至公元前2世纪的中国。矩阵有一个奇怪的属性——不可对易性，也就是说，矩阵A

乘以矩阵 B，与矩阵 B 乘以矩阵 A 得出的最终结果是不一样的。与普通数字相乘（如 7 × 3 = 3 × 7）不同，当我们将矩阵相乘时：A × B 就不等于 B × A！

如果说矩阵这一不符合乘法交换律的属性在海森伯时代已经为人知晓，那知晓的人也主要是数学家！比如说，他们可以利用这一属性采用实际的方法来求解方程组，或者与数字组合相关的问题。就像新的数学概念常常遇到的那样，数学家们在完全掌握矩阵概念之前，几乎完全不知道这些概念会在量子物理学中找到应用。另一个著名的例子是"弯曲空间"（典型的例子就是球体）。数学家黎曼和罗巴切夫斯基在 19 世纪就研究过弯曲空间，但爱因斯坦和希尔伯特在 20 世纪初才知道它对广义相对论的阐述具有重大意义。

海森伯创造了数学上的壮举（和约尔当一样，他阐释了矩阵的主要属性，但对"矩阵"究竟是什么仍一无所知），他着手开启的物理学项目也是一次非常大胆的尝试。人们究竟可不可能从这些抽象的数表出发，建立一个理论去揭示原子尺度世界中观测到的物理属性呢？

而这正是年轻的海森伯在 1925 年夏天做出的成就！他为一个新的力学理论奠定了基础，这一理论就自然而然地被称为矩阵力学。运用矩阵力学，海森伯和他哥本哈根的两位同事——马克斯·玻恩和帕斯库尔·约尔当——在简单原子系统（比如氢原子或者振荡器）能级上得出的结果与爱因斯坦和玻尔二人得出的结果相符。氢原子是最简单的原子系统，振荡器则是围绕一个平衡位置运动的物理系统（就像能产生微弱振动的带有弹簧的物体）。

给大家讲一个既像小说又像科学神话的名人逸事。海森伯在其著作《部分与全部》中讲到他的大发现是在怎样令人惊奇的情况下诞生的。当时，他由于花粉过敏患了特别令人困扰的枯草热，隐居在位于北海的一个德国小岛——黑尔戈兰岛（在古撒克逊语中意为"神圣的土地"）上，在那里一边呼吸海边纯净的空气一边疗养。海边的宁静与大海的辽阔让他一举攻克了数学难题，也让他隐约地预感到他那些奇怪的数表在原子过程的研究中起到的关键性作用。

海森伯承认，对于他的发现所涉及的哲学含义，他曾经感到过眩晕和焦虑。需要一种新的语言来描述原子的不连续性和概率性，好吧，但这种语言必须非常抽象并且与常用的物理语言相隔甚远吗？于是，海森伯给出了一种描述，他将可观测的物理量的不连续性用无穷尽的数表来表示。此前，经典物理（包括狭义相对论和广义相对论）都是用时间和空间中连续的变量（如位置和速度）来表述的。这里所说的空间，指的是我们所处的空间，我们周围的三维空间，而不是一个抽象的空间，一个肉眼看不见且有着无数维度的空间！

而今，量子物理专业的学生和研究者们几乎天天都在用的，就是海森伯的这种高度数学化的语言。但与1925年的海森伯不同的是，今天，我们知道如何将这一量子物理的特殊方程与用常用概念（位置和速度）表示的方程联系在一起。而这要归功于薛定谔和他在1925年末提出的一个著名的方程式。

新语言的必要性

该用何种语言来表述量子物理学及其独特的逻辑呢？从近百年前一直到现在，最伟大的科学家和科学哲学家都在不断地寻找这个问题的答案。

尽管量子物理使用的语言（如无穷矩阵、海森伯方程，或是后面要讲的波函数）与经典物理常用的语言区别非常明显，但量子物理学界依然继续使用经典物理学中的老概念，尽管这个领域的科学家对这些概念的恰当性甚至是它们的存在都是持批驳态度的。比如，作为经典概念的位置和速度就是这样。因为，根据量子物理的原理，这两个物理量除了被测量的时候具有实在性外，其他时刻都是完全不具备实在性的。然而，量子物理不同的表述却继续使用这些概念，且通常只是为了说明这些概念是不可测量的。不仅如此，从纯粹实际的角度上说，今天我们的测量活动几乎统统可以归结于对位置和速度的测量！

怎样消除这种矛盾？怎样超越一种自己批判自己合理性的语言，从而正确地描述我们观测到的世界呢？这是薛定谔思考了很久的大问题，至今人们仍旧未能找到解决办法。

第四章

一切都只是波函数

埃尔温·薛定谔在法国人德布罗意的研究启发下，建立了量子物理的一种数学表达形式，把所有的物体都描述成一种波。这种波，就是著名的薛定谔方程的解，但它并不是真实的波，而是抽象的数学世界中的一种波，一种概率波，复杂的概率波。

> "我们始终与宇宙同在，就像波浪始终与海洋同在一样。"
>
> ——艾伦·瓦兹
> 《意识的本质》

所谓波粒二象性，就是说一个物体，我们可以用两种完全不同的方式去观察它和描述它。那么，同理，量子物理本身也可以用不同的数学来表述。我们在上一章提到过海森伯、玻恩和约尔当的无穷矩阵数学表述，尽管非常抽象，但对于描述原子级的观测来说特别有用。

无穷矩阵的发现使海森伯在 1933 年获得了诺贝尔物理学奖（但获颁的是 1932 年的诺贝尔奖），他也因此对玻恩和约尔当产生了深深的愧疚感，因为这两位物理学家是他在哥廷根的同事，只是由于政治原因，没能与他共享大奖。按照诺贝尔奖颁奖惯例，如果研究成果属于一个团队，大奖会同时颁给团队的每位成员。1933

年初，评审委员会好像还准备把诺贝尔奖同时颁给他们三人，但在约尔当加入纳粹党之后，委员会便认为不能将奖项颁给他了，而玻恩也遭受牵连，因为他的研究成果与约尔当的研究成果密不可分。

　　但玻恩还是在1954年获得了诺贝尔物理学奖。获奖原因并不是他当年与海森伯和约尔当一起列出了矩阵力学的公式，而是他对量子物理的另一个主要公式的解释做出了决定性的贡献，这个公式就是薛定谔在1926年得出的关于神秘函数 Ψ 的公式，这一函数是在此两年之前一位法国的王公贵族用来描述同样神秘的物质波的函数。

德布罗意揭开物质波的神秘面纱

海森伯的矩阵表述太过抽象,当时的科学界为之震惊,因为他们还没完全从光(以光子的形式)的量子化问题上回过神来,没有做好准备接受这种量子化被推广至所有可观测的物理量,对于公式化就更没有准备了!

因此,当时的科学界,尤其是爱因斯坦,积极探究新生的量子物理世界的连续性,甚至想要将量子物理世界描述成一个具有连续性的世界。爱因斯坦当时正处于相对论给他带来的荣耀巅峰,不能就此舍弃速度和位置这样的经典力学中的常用概念,而去为物理现象的不连续性描述带上光环,这样是"冒风险的"(这是爱因斯坦的原话)。

就在这时,一位新角初露锋芒。他时年 32 岁,是一位出身显赫的法国贵族。他的家族先祖里有路易十六的财政大臣内克及其女斯塔尔夫人——一位能让拿破仑一世发抖的女作家。他的名字是路易·德布罗意（1892—1987），法文原文是 Louis de Broglie。不会说法语的人很难读准他的名字，因为 Broglie 的发音是 *Bro-i-ll*，就像 *langue d'oil*[1] 中 *oil* 的发音一样。德布罗意这个名字此后会与一个当时的革命性概念始终联系在一起，这个概念就是物质波！

根据德布罗意 1924 年博士论文里的观点，既然光粒子（即光子）是波，那么物质粒子（即原子）也应该是波，电子也是，推而广之，所有物质（包括我们人类）都是波。

德布罗意就这样将波粒二象性推广至能量，无论这能量是来源于光还是来源于物质。他把爱因斯坦根据光波波长给出的光子动量的关系式"反过来"，认为动量为 p（质量乘以速度）的任何一种物质（无论数量多少）都是一种波长（相邻两波峰或波谷间的距离）为 λ 的波，即：

$$\lambda_{dB} = \frac{h}{p}$$

爱因斯坦看到德布罗意的结果后激动不已。这个关系式非常具有创新性，难能可贵的是，还那么简单，没

1　此为奥依语，中世纪法国卢瓦尔省以北地区的方言。——译者注

过多久就获得了实验的证实。1927 年，也就是德布罗意提出这个关系式三年后，两位美国人——克林顿·戴维森和雷斯特·革末——成功地让电子通过一个镍晶体，从而发生了衍射，由此证明了物质粒子（在此实验中就是电子）完全可以呈现出其波的一面。通过测量所观测到的波动现象的波长并将其与发射到镍晶体表面的电子的动量进行比较，他们精确地证实了德布罗意这一关系式的准确性。物理学上的物质波概念就这样诞生了！

1922 年于阿罗萨，薛定谔错过历史一幕

薛定谔差一点点就先于德布罗意发现物质波了。让他与物质波擦肩而过的那一出剧就上演于瑞士阿尔卑斯山上达沃斯城附近的阿罗萨温泉疗养站。爱因斯坦的朋友托马斯·曼也非常喜欢此地，他称阿尔卑斯山为"神奇的山"。犹如命运的捉弄，这座"神奇的山"在薛定谔之后的事业生涯中起了决定性的作用。1922 年初，薛定谔患上了肺结核，于是在妻子安妮的陪同下去阿罗萨疗养，一待就是九个月。尽管身体状况不佳，薛定谔还是在疗养期间写出了几篇论文，其中一篇差一点就成了量子物理的奠基之作。

在这篇论文中，薛定谔指出，一个原子里的电子必须遵循与驻波类似的数学条件。所谓驻波，就好似乐器（如小提

琴琴弦或长笛的气柱）产生的波。薛定谔觉得自己发现了深层次的东西，却备感无力，或者说缺乏直觉的引导，去跨越这一步，从而得出电子具有波动性的结论。1929 年，德布罗意带着一丝幽默获得了诺贝尔物理学奖，托马斯·曼也于同年获得了诺贝尔文学奖。

自那以后，物质粒子的衍射和干涉实验如雨后春笋般多了起来，实验对象是各种各样的粒子，有电子、中子、各种原子、分子，科学家最近甚至开始用超大分子来进行实验。可能完全出乎你意料的是，这个研究领域可不（只）是游戏，其背后的动力是人们对工业和哲学发展的重大考量！

例如，电子和中子（不带电的粒子，约占原子总质量的一半）的衍射使人们很快研制出了超高分辨率的显微镜。事实上，是显微镜所用的波的波长（常用的光学显微镜使用的是可见光，对应的是这些光的波长）决定了分辨率的高低。用可见光照射时，显微镜的分辨率是几百纳米；用 X 射线照射时，可达到几纳米（1 纳米等于 1 米的十亿分之一，和一个小尺度的原子的大小差不多）。如果用的是电子，那么德布罗意波长就可以小到皮米（1 纳米的一千分之一）级，也就是说只有原子大小的一千分之一！

当我们启用原子时，显微镜就落伍了，致力于制造超精准、超稳定测量仪的计量学登上了历史舞台。这就是著名的物质波干涉仪，它将杨氏双缝干涉的原理推广到了各个应用领域，人们可以将它用于原子钟（提供全球参考的标准时间，这对 GPS 定位系统而言相当关键），可以将它用于加速计或重力仪（前者用于测量极小的加速度，后者用于绘制地球重力场图谱，为土地开发提供重要信息）。

而当我们启用分子时，主要用意就完全不一样了，实验的目的变成了检测一个体积大而且复杂的物体能在多大程度上保持其波的性质。最新的这类实验于 2013 年在维也纳大学展开，实验中使用的那些分子总共由 800 多个原子组成，总质量相当于 1 万多个氢原子。在这种情况下，人们还是观测到了干涉现象的存在！

这些研究的背后暗含着一个令人热血沸腾的关键性问题：探索神秘的量子世界和经典世界（即我们所处的世界，我们习以为常且能用直觉去感知的世界，看不见物质波动性的世界）之间的分界线在哪里？我们应当去探索两个世界的中间地带，沉浸在一个灰色真理（按安德烈·纪德的说法）存在的地方，在那里，以美妙的方式亵渎"神明"的开放式问题不胜枚举，比如：有一天是否会用生物活体（如病毒，或者更进一步，用细菌）来做干涉实验？如果真有一天能让生物产生干涉，那我们又将赋予生命何种意义？

波，是的，但……是概率波！

我们再来看看杨氏双缝干涉实验，如果发送至双缝隔板上的不是第二章所说的光子，而是物质粒子，比如说原子，那么，通过实验观察到的结果和光干涉条纹也是完全相似的：透过双缝的原子在后屏上也会形成一系列明暗相间的条纹，明条纹处聚集了许多原子，暗条纹处很少或没有原子。

因此可以推知，这些原子肯定和波存在某种关系，但究竟是什么关系呢？这是一种有组织的集体现象吗？这些原子是像海浪里的水分子相互传递信息那样，"商量"好了在透过双缝后怎样排列吗？不！实验证明，这种猜想是站不住脚的。让我们将原子一个一个发送出去看看，当然，两个原子的发送时间间隔必须足够长，以保证两者间不会有任何信息交换，在这种情况下，我们

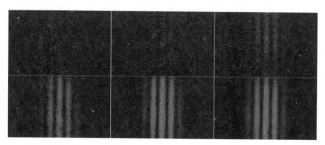

干涉条纹逐渐显现

来记录一下后屏上原子落点的分布情况。

　　结果，我们发现几乎整个后屏上都是随机的点，毫无规律可循。这种点状分布初看好像完全不可预测，但当我们加大原子的发送量时，我们就会观察到，有规律的间隔条纹有组织、有序地出现了。我们又看到了经典的光波干涉条纹，不同的是这里的干涉条纹是由点构成的。每一个点，事实上都是随机得来的。因此，这并不是一个群体波动现象的结果，而是个体波动现象的结果（尽管这看起来无比奇怪）。

　　如果用光来做实验，当我们将光的强度降到最低，一次只让一个光子通过双缝区域时，我们会观察到同样的现象。光子一旦通过双缝区，就会继续前行直至落到后屏上，落点的分布看起来是随机的。如果只发送了十几个光子，那么我们将无法看出所形成的云状点集有什么规律。但当光子的数量增加到几百个时，我们就又能猜出这些点最终会形成明暗相间的条纹；当光子数量达到几千个时，条纹就非常明显了。这些条纹不出意外地与强光源的光（光子数量多达几十亿的几十亿倍，甚至更多！）透过双缝后形成的干涉条纹一模一样。

因此我们可以得出结论：无论是没有质量的粒子（如光子）还是有质量的（如电子、中子、原子、分子等）的粒子，任何一种粒子都有一种与之相关的波。我们知道，对于光子来说，这种波动现象很容易一下子看出来（显然是一种电磁波，在后文中我们会看到，即使是这个结论下得也有些为时过早了）。但对于物质来说，情况就完全不一样了。

这种与物质粒子相关的波究竟是什么？它是真实存在的吗？它是一种实体吗？它可见吗？或者仅仅是在与我们日常所处的时空截然不同的数字空间中演化的抽象概念？如果真是这样的话，它又是如何对物理世界产生可测量的影响的？

真实的物质波？

如果与一个原子相关的物质波是一种物理实体，也就是说，如果这个波就是原子本身，那么按理说，我们就可以将这个波的一部分分离出来并加以观察。然而，实验证明这是不行的！其实，物质波真实存在这种说法有些绝对，因为它仅在基本粒子层面成立，也就是只有对于原子来说是成立的。不过我们确实可以在自身所处的真实世界里制造物质波，也就是由好几百万个原子组成的物质相干波，类似于相干光（人们更熟知的名字是激光）。

这种物理现象叫玻色－爱因斯坦凝聚，名称里之所以有这两位物理学家的名字，是为了纪念他们在 1924—1925 年预言并描述了这一现象。顺道说一下玻色子这个词，它是由狄拉克提出来的，也是为了纪念萨特延德拉·纳特·玻色这位印度物理学家。

在一个原子凝聚体内，所有的原子都由同一个量子波来描述，形成了一种超级量子波。这种原子波会表现出经典波的某些常见的物理特性，并且仅在这种特定的情况下（至少目前是如此），物质波才有可能在真实世界中现身。

还有另一个关键点：既然两个粒子经过同样的实验制备操作后不会落在后屏上的同一个地方，只有在增加粒子数量的情况下，后屏上才会显现出干涉条纹，那么，一个粒子怎么知道它应该落在后屏的哪个位置上呢？它怎么知道自己应该落在明条纹处，而不是暗条纹处？它又是怎么知道自己应该落在这个明条纹处而不是那个明条纹处呢？要知道，它是无法与之前发射出去的其他粒子进行信息交流的！

这些错综复杂的问题是薛定谔在 1925—1926 年提出来的。之后，海森伯、玻尔等众多科学家，尤其是不可绕过且各个领域都有涉足的爱因斯坦都对此进行了思考。因此，是集体思考的结果使薛定谔提出的 Ψ 波得到了诠释。Ψ 波的提出，相当于继 1923 年德布罗意微微掀起物质波神秘面纱一角后彻底将面纱揭下的一举。

这些研究与思考的结果令人震惊！一个物质粒子波和我们习以为常的经典波完全不一样：物质波不是一种实体波，它不具任何形态，是一种抽象的波，存在于和我们所处的空间不同的另一个空间里，那是一个想象中的数学空间，维度不止三个。

令人震惊的还不止于此，因为物质波的意义更令人困惑：这种波并没有告诉我们对应的是什么粒子，它有什么属性（能够描述它特征的物理量的值，如位置、速度和能量等）。没有！这种波只告诉了我们某个物理量达到某个值的概率，尤其是当我们测量粒子的位置时，我们可以知道在某一处能找到这个粒子的概率是多少。

换句话说，1926 年薛定谔引入的 Ψ 波（实际上被称作波函数）是一种"概率波"。因为我们不知道是什么，只知道可能是什么。我们知道什么是可能的，会出现什么，但不知道这到底是什么！

在杨氏双缝实验中，两个相同的原子经过同样的实验制备操作（所以用相同的概率波 Ψ 来描述）后被发送至双缝板。它们穿过双缝后会随机地撞击在后屏上，但落点更可能位于概率波较强的地方。只有后屏上留下的撞击点非常多的时候，概率波才会显形于后屏之上。也正是在这时，概率波在我们所处的真实世界中现了身，让我们的眼睛得以看得到它的强弱。

隧道效应：没有空间的空间

粒子的波动性可以产生不少非常戏剧化的效应，其中，最多被应用到我们实际生活中的当属隧道效应。这一著名效应的原理很简单，而且适用于任何一种类型的波：当一束波被发送至一面墙上时，如果这面墙比较薄，那么有一部分波就可以穿越墙壁。对于声波来说，这就更明显了。然而，这样一种平凡无奇的现象会在某种情况下变得复杂得多，当这束波是粒子波的时候就是如此！比如，当波是由一个或几个光子形成的特别弱的光波，或者是由一些电子、原子或分子形成的物质波时。

对于光子来说，刚才说的那面墙就只能是，比如说，一面普通的玻璃；而对于物质粒子来说，更多的是一道能量屏障。这道屏障毫无神秘性可言，不过是作用在这些粒子上的力（如电力或磁力）的来源罢了。比如，在光电效应中，金属表面的一个电子通过电磁力与金属束缚到了一起，所以，如果想要这个电子逃逸出来，就需要挣脱这个电磁力（比如，可以通过光子和电子的撞击来实现）。

与经典波不同的是，撞击墙壁的粒子并不是变成两半了，它能否出现在墙的另一侧只是个概率问题！因此，粒子是有一定的穿墙概率的。如果墙越薄，那么概率就越大，而且变化非常显著（概率事实上是随墙的厚度呈指数级变化的）。例如，当我们把一根极细的探针的尖端移向一个物体的表面时，随着两者距离越来越近，因为隧道效应而释放出的电子数量会越来越多，因此我们可以据此绘制出这个表面的图像，这正是扫描隧道显微镜的原理。

隧道效应的其他应用主要是在电（二极管和半导体的工作原理都是基于隧道效应）与核能（核裂变与核聚变同样也可以用原子核内的隧道效应来解释）方面。这里要当心，因为"隧道"的"隧"字会误导你！它会让你以为粒子在穿越能量屏障的时候是像现实中穿越隧道那样，也就是说速度往往比光速慢。但其实完全不是这样！粒子在隧道效应下穿越屏障几乎是在瞬间完成的！一切就好像是粒子从一个位置跳跃到另一个位置，而不经过任何中间地带，仿佛先隐身，随后立刻在屏障的另一侧现身。就好像屏障的宽度消失了，隧道的入口和出口瞬间衔接。这样一种位移颠覆了我们习以为常的空间概念，因此可以说，这种位移超脱于空间之外。

量子物理王子的盛装：薛定谔方程

德布罗意认为，物质，无论质量大小，都具有波的性质。我们可以概述为一句话："一切都是波。"与之互为补充且同爱因斯坦和海森伯的研究结果相符合的是，显微镜下的世界看上去似乎由偶然性主宰着：这两位科学家认为，一切都是概率。这两种对真实世界的描述乍看相悖，而薛定谔却找出了它们之间的联系。他引入了通常用 Ψ 这个希腊字母表示的波函数的概念，并展示了如何利用这个波来描述物质的波动效应。在薛定谔之后，就不是"一切都是波"或"一切都是概率"了，而是一切都是"概率波"！

这一双重性质并不只适用于我们非常不熟悉的奇怪的原子和光子世界。根据量子物理理论，对于任何物体，从最小的到最大的，都有一个特定的波函数来描述它。任何一个物体集合或粒子集合也是如此：分子、细胞、悬崖峭壁、植物、我们人类或任何一种动物、太阳系、我们的银河系，甚至是整个宇宙，无不如此。因此，波粒二象性其实比看起来更加微妙，而且更值得注意的是，它非常具有普遍性。

但薛定谔所做的贡献并不单单是弄懂了德布罗意假想的每个物体都有的那种波究竟是什么。除此之外，他还明确了波的本质及其数学属性，也弄清楚了它是怎样随时间变化的，从而深化了我们对它的理解。

首先，正如之前提到过的，这种波是无形的，不属于我们习以为常的有形空间。它被定义在一个叫"位形空间"的抽象数学空间里。对于一个粒子或一个物体来说，这个空间跟我们所处的空间是一模一样的，也是有三个维度。但当我们想要描述好几个相互作用的物体时，这个位形空间维度的多少就与物体的个数直接成正比。例如，要描述 2 个相互作用的粒子时，位形空间就有 6（2×3）个维度！同理，3 个粒子就是 9 个维度，4 个粒子就是 12 个维度，以此类推。

在粒子数量特别庞大的情况下，大家很容易就能明白为什么薛定谔方程式让当时的物理学家们很害怕且纷纷持保留意见了。他们很不习惯使用这样的数学工具，更何况之前已经被海森伯的矩阵百宝箱弄得晕头转向了。然而，这个空间可以随物体数量成倍增加的特性——量子理论显而易见的厚重部分——正是量子纠缠现象（见第六章）的根源，而量子纠缠也许是量子物理学中最令人头疼也内涵最丰富的效应了。

其实，如果说薛定谔的概率波不是真实的，这不仅仅是说它在物理意义上是不真实的，在数学意义上也是如此。因为，Ψ 波就是很复杂的！位形空间里的每一个点都对应着一个复数。由这个复数我们能得出用 Ψ 波来描述的物体在这一点上被观测到的概率。[1]

奇妙的虚数

复数是由意大利数学家塔尔塔利亚和卡尔达诺于 16 世纪引入的抽象数，目的是求出难解方程的解。其形式是 $a + b \times i$。其中，a 和 b 都是我们常见的实数，而 i 是一个抽象的数，数学上叫虚数。i 有一个特性，那就是 $i \times i = -1$，而这一特性是任何实数都不具备的。

复数不仅被用来解方程，还在所有与波有关的科学领域中发挥着重要作用，因为复数可以用很简洁的方式来表示波，并且计算起来也比实数更加容易。然而，这种用复数来表示

---

1 作者本段中的"真实"与"复杂"相对立，分别暗指实数和复数。——编者注

经典波的做法并不是必需的，它只是一种可供选择的特殊数学表达方式，仅在想要寻求方便的情况下使用。

量子力学与所有其他理论最基本的区别是，各种表述里都有复数。因此，复数很明显地出现在各种方程式里，如薛定谔方程。注意，与经典波不同的是，复数的使用对于量子力学来说就不是一种选择了，而是必需的：没有复数，就没有量子力学！虽然虚数在日常生活中并没有明显地出现在我们眼前，但其实虚数无处不在。实际上，虚数和实数一直就关系紧密。

一个复数还可以看作一个矢量，即将空间中的两点连接起来的一个隐形的箭头。拿你现在看的这本书来说，矢量就像是沿着这一页对角线的方向画的一个箭头，以左下角为起点直至右上角。这页纸的宽、高和对角线就形成了一个直角三角形。毕达哥拉斯和巴比伦人发现，这个对角矢量的长的平方等于宽的平方与高的平方之和。对于一个复数来说，人们计算它的大小（术语是模）时，用的也是同样的方法。例如，复数 3 + 4i 的模的平方是 25，写成等式就是 25 = 3 × 3 + 4 × 4。说到底也没那么复杂。

一般说来，无论是什么波，它的强度就是它幅度的平方，说得简单点儿，就是它自身尺寸的平方。如果是薛定谔的概率波，那么它的波强，即我们所求的概率，

就是复数 Ψ 的模的平方。顺便说一句，波 Ψ 的"概率幅"这一公认的叫法就是这么来的。

我们可以作一个图，像气象图那样，只不过图中显示的不是温度，而是概率波的强度。图作好后，我们如同看到了一幅风景画，上面有不同的水平线，有山峰，有山谷。其中的山对应的就是概率波强度最高的地方，也就是说，在那儿，由波 Ψ 描述的物体可被观测到的概率非常大。而山谷则相反，对应的是强度最低的地方，在那里，观测到物体的可能性非常小。

1925 年，阿罗萨：方程式的情感促生记

爱情，以其所有可能的形式出现的爱情，在薛定谔一生中都起了非常重要的作用。对薛定谔而言，爱比性更重要。陶醉在爱与被爱的世界里，情欲、美色及欲望，对他的人生和他所做的创造性研究都具有强大的刺激力。以他的名字命名的方程之所以诞生，在很大程度上也可以归因于这样的激情。

薛定谔的方程不仅使他闻名天下，也让世人得以知晓新生的量子力学。在科学史上，人们喜欢将这一方程诞生的时间记录为 1925 年末至 1926 年初的冬季，诞生的地点则是瑞士高山上的阿罗萨温泉浴场。几年前，也是在这个地方，在直觉的指引下，薛定谔隐约地感到物质具有波的性质，那时

德布罗意还没有提出物质波的概念。

这一次，当他在阿罗萨疗养数日期间，有一位神秘的年轻女子相伴。之所以说神秘，是因为人们至今都不知道她的身份。据薛定谔的朋友、数学家赫尔曼·外尔说，薛定谔之所以能写出方程式，是因为从这份姗姗来迟的情欲中汲取了创造力。这样的故事如若不是从薛定谔的妻子安妮（也是赫尔曼·外尔的情人！）口中得到证实，或许只会让人笑笑而已。

尽管薛定谔夫妇与传统夫妻的标准相去甚远，他们还是白头到老了。但他们之间与众不同的自由伴侣关系，在当时那些对此持谴责态度的西方国家里，也着实给他俩带来了许多问题。特别滑稽可笑的是，最后是爱尔兰不顾其严格的道德标准在二战后满怀敬意地接纳了他们。

如果说有一个方程可以独立概括整个量子物理学，那就是薛定谔方程。薛定谔之所以能于 1925 年 12 月在瑞士山区的一间小木屋里写出这个方程，是因为一个月前，当他在苏黎世联邦理工学院做一个关于德布罗意物质波的报告时，受到了物理学家彼得·德拜尖刻的评价和公开讥讽。德拜认为报告太过简单了，并且指出了德布罗意波理论的一个重大缺陷：缺少一个波动方程，也就是一个明确描述物质波传播的方程。

鉴于你无论如何或早或晚都会碰到这个著名的方

程，我们现在就把它写出来：

$$i \frac{h}{2\pi} \frac{d\Psi}{dt} = H\Psi$$

量子物理的核心奥秘就含在这个方程里，那些见惯了它的人通常再也不肯花时间去潜心观察了，这着实可惜，因为，量子物理大餐的主要食材都在这里：复杂的虚数（i）、量子化（常数 h）、在我们描述自然的方程里无处不在又令人头疼的 π、表示时间变化的概念 d/dt、作为这一变化推动力的能量 H，当然还有波函数 Ψ，它体现了波粒二象性和"一切皆振动"这一事实。

这里说的"振动"，是在一个抽象世界（数学位形空间）里的振动，它告诉我们在这个有形的世界里某些量可以被观测到的概率。这些可能的振动有时会在我们的眼前现身。确定性就此终结，取而代之的是或大或小的概率。

不过，请注意，这里说的概率可是确定的哦！因为，和经典物理学（力学、电磁学等）中各种表示变化的方程式一样，薛定谔方程是决定论式的：如果给定某一时刻的波函数 Ψ，那么通过这个方程就可以知道在这之后任何一个时刻的波函数 Ψ。也就是说，尽管薛定谔方程的解本质上只是概率，但这些解的变化却是非常确定且可知的。

这个如此简单（物理学中的某些方程称得上是复杂至极！）的方程，是人类进步和发现的源泉，它成就了薛定谔的辉煌。薛定谔将此方程应用到原子世界的不同领域，于 1926 年接连发表了 6 篇论文，这些论文证明，他的这一量子物理波动方程既能得出海森伯（及其哥本哈根的同事）得出的结果，也能准确地解释当时几乎所有原子实验的观测结果。

因此，正如 1905 年之于爱因斯坦，1926 年对于薛定谔来说，真的是一个奇迹之年。那一年，他声名鹊起，誉享全球，得到了同行们的一致认可，最终于 1933 年摘得诺贝尔物理学奖的桂冠。

然而，还有一点需要弄清楚。既然量子理论的两种表述——薛定谔的波动方程和海森伯、玻恩和约尔当的矩阵力学——最后的结果相同，那么两者必须是等价的，哪怕它们表面上看起来不一样。起先是薛定谔，紧接着，泡利、埃卡特和约尔当也都纷纷开始研究这个问题，展示了如何用数学的方法从一个推导出另一个。但最终是一位来自英国的青年才俊保罗·狄拉克（人们猜测他那时很可能患上了阿斯伯格综合征）于 1926 年底得出了令人满意的结果。

狄拉克认为，这两种表述其实就是对一个普遍理论的不同呈现，就好比一个想法用不同的语言（如汉字、字母、盲文、象形文字等）来表达一样。正是狄拉克和美籍匈牙利科学家冯·诺伊曼（1903—1957，又一位年纪轻轻就成就卓越的天才）共同提出的这一"元理论"在1927年最终成为量子物理学的概念框架。

我们再来看看前面提到过的"不同语言表达同一个理念"的类比例子。这是一种从比较广的角度看问题的方法，这里强调的更多的是"理念"，而不是用某一种语言去表达想法的"方式"；是物体，而不是它的图像或它的一种反射；是本质，而不是表象；是内容，而非形式，即便这个内容存在于一个抽象的数学世界里。

第五章

量子测量：本书因你测量而变！

在量子层面，对一个物理量进行观察或测量，其实会让人不知所措，因为得到的结果是随机的，物体的状态也会在测量时突然改变。科学家们正在积极研究被测量物体所处的量子世界和测量仪器所处的经典世界之间的边界问题，有许多实验似乎颠覆了我们对时间概念的传统认知。

> "行动，无论是怎样的行动，都是在以还没有的名义改变现有的存在。因为它不可能不打破旧秩序就完成，它是一场永无止境的革命。"
> ——让-保罗·萨特
> 《圣热内》

究竟什么叫观测？观测一颗星星或一只蚂蚁，又或者是这页纸上的文字。观测海上起的风或雨后的宁静。观测、细看、凝视……用我们的眼睛，那是当然，但同时也用上我们其他所有的感官。因此，"观察"一词成了"感觉""感到""觉察"，甚至是"测量"的同义词！观测，或主动，或被动，但总之，都有想要触碰世界的极强的好奇心。

古罗马拉丁语诗人贺拉斯说："对于任何一种东西，都存在一种测量方法。"对！但他说的是哪一种呢？物理学家会这样调皮地回应。经典测量还是量子测量？这个**量子测量**啊，是如此微妙复杂，一直都让顶尖研究者十分苦恼。因此，我在躺椅上已经听到我们非常有教养的邻座胸有成竹地说，要想在几片沙滩上，哦不，几页纸上，把量子测量的概念弄懂，是完全不可能的。

不可能？真的吗？我们能不能接受这一挑战？能不能真正理解不可测的东西，或者像魁北克作家皮埃尔·图尔荣所说的那样，"打碎不懂的原始黑暗"？这正是本章的目标。那么，就让我们注视着泛蓝的天际几秒钟，深呼吸，做好准备潜入天书般难懂的深处吧！

但在探索量子测量的奥秘之前，我们需要花一点时间解释一下经典力学中物理测量概念的含义。

什么是经典测量？

从我们可以记得的很久远的过去直至今天，人类总是在想方设法拓宽自己观察和测量世界的能力。人们渴望探索最远处的世界，探索最大和最小的东西，这种渴望把我们带到了未知的地域，无论是在地球上还是在宇宙空间，又或者是在物质的内核，测量风力或是电流的强度、地球到月球的距离或是宇宙的尺度、一匹马的力量或是一种金属的硬度、大气的温度或是子弹的速度、原子的结构或是真空的能量……

如果说在很多个世纪中，对一个事物的观测，也就是说对其物理属性的测量，只是技术问题（怎样获取数据）或哲学问题（我们能够了解一个事物的方方面面吗？观察与实验具有同样的价值吗？客观知识的边界在哪儿？）的话，那么，20世纪初量子力学及（广义和狭义）相对论的诞生使一切都变了。

　　在二十多年的时间里，革命性的新理论颠覆了物理学上一切在以往看来是确定且不变的东西：时间和空间的本质，同时性、同一性、局域性的概念，甚至是带有很大直觉性色彩的实在性的概念。

　　尤其是在极微观的世界里观察到的现象，迫使科学家深刻地审视并重新定义测量的概念。因为在经典物理学中，也就是在非量子物理学中，"测量"被定义为一种获取一个物理系统中某些属性相关信息的行为，无论这一系统是物质的（如物体、粒子或声波、浪或水滴、我、你或是星星）还是非物质的（如光波）。获取的信息可以是速度、位置、能量、温度、音量、方向……

　　这种对测量的定义，一方面会让人认为一个物理系统自身所具有的每一个属性都有一个确定的值，甚至是一个注定的值，在测量开始前就已确定。另一方面，这种如此直观、如此自然的定义也会让人觉得所有属性都是可以测量的，且获得的信息都无一例外忠实地反映了被测量的属性，不受测量工具和测量者的影响。此外，对于是否可能在同一时间测量一个物体的多个属性（如同时测量速度和位置），这一定义也只字未提。

　　最后，这个定义没有提及测量之后的情况。那么，我们该赋予获取到的信息以怎样的意义呢？它描述的是物理系统被测量前，被测量中，还是被测量后的状态特征呢？举个例子，如果测量一个属性会扰乱我们所研究的整个物理系统，那么，所获信息并不能反映系统在被测量后的真实状态，在这种情况下，又该赋予获取到的信息何种意义呢？

什么是量子测量？

　　正如我们在前几章（如讲到原子的能量的部分）看到的那样，在量子物理学中，当测量一个物理量时，我们只能得到某些准确的值，而除此之外的其他所有值似乎都是不可能得到的。测量得到的数字（也就是数字化的结果）的分布是离散的、不连续的，有点像尺子上的刻度，是离散的。在这种情况下，我们就可以说，这个物理量是量子化的，并且可以用数表的形式（就像海森伯、玻恩和约尔当的矩阵力学一样）来呈现。

　　爱因斯坦、玻恩和薛定谔告诉我们，这些特殊数字——测量得到的一些可能的结果——的得来完全是随机的，也就是偶然的。除了几种特殊情况，一般来说，这些数字都是不能很肯定地预测到的，只有其出现的平均频率是可以在经过反复测量后计算出来的。

　　而我们可以知晓且可以肯定的，是这些结果会出现的概率。这有点像摇彩票用的箱子里装的小球，每一个球被摇出来都是随机的，且摇到每个球的概率是完全相同的（比如，如果箱子里有 50 个球，概率就是 1/50）。

　　这些概率与研究对象波的一面直接相关。这里的波，就是薛定谔在德布罗意的研究基础上提出来的波。任何物体（无论是物质的还是非物质的）都有与之相关的波。这是一种数学上的波，抽象而复杂，也叫波函数。事实上，根据玻恩的解释，我们可以通过计算这一抽象波的强度得出概率。

　　我们再来进一步看一个细节。事实上，如果我们要测量位置信息，那么在掌握了波在某一处的强度后，我们就能通过适当的测量得出物体在这一处出现的概率。另一方面，如果要测量其他物理量，不一定是位置，那我们可以用量子态，后者是对薛定谔波的推广（在 20世纪 20 年代底由狄拉克和冯·诺伊曼完成）。

　　因此，一个物理系统的薛定谔波就可以看作一个量子态的特殊呈现。这种特殊呈现取决于系统中每个组成部分的位置（我们称作量子态的位置表征）。

　　那么，我们很自然地会问：这些量子态从何而来？它们是如何定义的？它们与测量仪器有什么关系，与测量出的可能的结果有什么关系，与这些随机的测量结果的出现概率又有什么关系？

量子物理学认为，任何一个量子态都可以用某些特殊的状态来表示。这些特殊状态叫本征态，与所进行的测量操作直接相关（明确地说，与所使用的测量仪器直接相关）。这些测量本征态的定义非常简单：能得出确定的测量结果的所有状态都是本征态。

边缘状态不模糊

正如我们所知，量子物理学中的测量结果一般都是随机的，即它们发生的概率在 0 到 1 之间（或者说，在 0% 到 100% 之间）。然而，在两种极端的情况下（0 和 1），对应的却是确定的结果，也就是说，要么一定不会发生（概率为 0），要么相反，一定会发生（概率为 1）。那么，这两种情况下的量子态就是我们所说的测量本征态。

我们该如何获得这些本征态呢？反复试验摸索吗？比如，在好几个用同样方法制备的物理系统（如原子）上进行测量，然后看看每次得到的结果是否相同吗？事实上，如果这种方法真行得通，我们就可以合理地归纳出一个结论：这些物理系统都是在一个测量本征量子态下制备出来的。然而，这种方法的问题在于，我们起先的疑问直接就变成了关于实验制备阶段的问题：如何制备相同量子态的物理系统？

很矛盾的是，这个问题的答案既难以捉摸又非常简单。说它难以捉摸，是因为它用的是一个颇受争议的原理（波函数的坍缩），我们会在后文中详述这一点；说它非常简单，是因为这个原理说的就是在测量之后，被测量的物理系统会瞬间坍缩至与测量结果相对应的本征量子态。

因此，经过测量之后，系统的量子态不仅可以被很好地确定下来并能被人们准确地获知，它还与实施测量的仪器有着密不可分的关系，因为系统的量子态本身就是测量仪器的许多本征态之一。

基本相似，实则不同

在我们所处的世界中，测量行为是以物质为依托实现的。从这个真实世界的角度来看，貌似没什么，或者几乎没什么能让我们将量子测量和经典测量区分开。因为在这两种情况下，我们都是实施测量，最后得出一个数值，数值要么是显示在电脑屏幕上的数据，要么是探测器指针所指的那个刻度。但两者巨大的区别在于，量子测量的结果是随机得来的。

对以同样方式制备出来的两个系统（量子态相同）进行

同样的测量时，只有当两者在测量前的量子态是测量本征态之一的情况下，获得的结果才会相同，否则就会得出两个完全无法预测的不同结果。只有现象发生的概率是可以预测的，可以用测量前的量子态计算出来。

坍缩与流浪

典型的量子测量包括三个基本步骤：测量前（能获得这样或那样的概率）、测量中（随机获得所有可能出现的结果中的一种）、测量后（坍缩投射至与真实所获测量结果相对应的本征态）。这第三步，通常被称为"波包坍缩"，是在 20 世纪 20 年代末由海森伯和冯·诺伊曼提出来的，自那以后，很多人在研究它，也发表了很多论文。

"波包坍缩"这个术语指的是这样一种情况：在测量一个粒子的位置时，我们测到一个位置，且只测到这一个位置。测量的时候，这个粒子肯定是位于某一点的，但就在测量前，它是由一个波来描述的。然而，波的位置不是局限在一点上的，也就是说，是无处不在的，或者至少是延展在很大一片区域中的，即便我们想象好几束波叠加在一起（这就是术语"波包"的由来）也是这样。

因此，在测量的同时，被测物体会在瞬间完成一个从波到点的过渡！在宇宙中一个孤立的点上，顷刻间发生了坍缩，这给人一种好似施了魔法的奇怪感觉。

但需要注意的是，不要把这种突然的坍缩想象成我们所处空间里发生的事！它其实是在另一个空间里出现的，一个概率波存在的抽象数学空间。如我们之前介绍的那样，这个波（我们也称作波函数）是一个带有很多信息的波，这些信息告诉我们它所描述的物体是什么，或者可能是什么。因此，我们说的"坍缩"指的就是所研究物体的特征信息的突然缩减。被研究物体在测量前可能位于好几个位置，而测量行为使其只出现在了某一个位置，也就是探测到这个物体的概率不为 0 的那些位置中的某一处。"坍缩"是一种数学意义上的坍缩，一种数学函数的突然变化，所以，其实说到底也没什么令人觉得魔幻的！

从更广泛的意义上讲，波包坍缩指的就是测量的第三步，甚至在测量对象不是位置这个物理量的时候也是这样。波包坍缩就是一个投射的步骤，即在测量时从一个量子态几乎瞬间跳到另一个量子态的步骤（后一个量子态就是与测量时所获结果相对应的那个量子态）。

征服测量！

　　让我们置身于一个想象中的世界，在这个世界里，量子效应是非常强的。假定我们用一个假想的测量仪器来测一个步行者的量子速度，测量结果（量子测量结果！）只有 0 和 100 千米 / 小时两种可能。那么，测量仪显示的数字就要么是 0，要么是 100，并且是随机出现的。测量后，步行者的量子态就是刚刚测量的结果，也就是说要么是 0，要么是 100，肯定是二者之一。

　　测量结果是随机的，但 100 的出现率比 0 小，不过仍有可能出现（当结果是 100 时，步行者在测量后速度就会骤然加快！）。因此，当步行者的数量特别多时，我们的测量结果有时就会是 100。但这种对量子测量的类比性假想只能到此为止，留给某些同样也是步行者的读者的是意犹未尽的奇幻空间，他们可能在某一瞬间相信有这样一个测量仪的存在……

某种不确定性

在概率波近乎有形的坍缩的同时，我们原本对物体固有属性（即在经典物理学中描述物体全部特征的属性）的那种确定的判断也坍缩了。在量子物理学中，一个物体的属性并非其物理属性所呈现出的值，而是测量中能够获得的概率。从量子物理学的角度来看，在两次测量间说某个物体有这样或那样的物理属性（位置、速度等），其实没有任何意义。

让我们以测量某个物体的位置为例来说明这个问题。这个物体的位置很特别，是随机的，所以不能很肯定地预计到。但是这一物体的位置信息在测量的那一瞬间是有意义的，且仅在那一瞬间有意义，之前或之后都没有意义。此外，测量位置的行为还会对用其他测量方法测出的该物体的其他物理属性（如速度）的值产生影响。甚至还存在着一个基本的禁忌，那就是我们不能同时准确测出某对物理量（被称为共轭量），如位置与速度，或者能量与时间。

这里描述的实际上就是 1927 年海森伯提出的不确定性原理。它还有一个更为人所熟知的名字——测不准原理，但这种叫法容易造成误解，让人以为上述不确定性是实验测不准导致的。

海森伯最初的想法是，我们看到一个物体这一行为就会使它的状态发生改变。由于光的粒子性，我们要想看到（我们日常的说法）一个物体，就需要捕获由该物体发出或反射的一点光，这束光里必须至少有一个光子。事实上，一束光里的光子数小于 1 是不可能的。然而，正如我们之前所说（见第三章），光子与物体间的相互作用（产生辐射压，辐射压可能会使未来太空飞船的太阳帆膨胀起来）能改变被观测物体的速度。

被观测的物体在发出或反射一个光子后，速度会立刻改变，这种改变是不可逆的，也无法预知。此外，由于被观测物体在与光发生相互作用后位置一定会发生变化，那么，那个光子所给出的位置信息就不再符合实际了。因此，观测一个物体的行为必然会使其发生轻微的变化。比如，你刚刚就通过阅读这几行文字使这本书发生了变化，而你本人甚至都没有意识到。

光子的能量越大，也就是光的波长越短（见第二章），这种效应就越明显。被观测物体的位置信息越准确，其速度信息所受的干扰就越大。反之，被观测物体的速度信息越准确，其位置信息所受的干扰就越大。所以，位置和速度，当其中一个越准确时，另一个就越不准确，两者的准确性是相反的！如果我们满足于一个较低的精确度，那当然没问题。但如果想要精确度特别高的话，我们理论上就会面临一个鱼与熊掌不可兼得的问题。所以，要么测位置，要么测速度，两者无法同时被精确地测取。

海森伯不确定性原理的重大结论是，根据标准的量子物理学理论，一个物体（如一个原子或一个光子）不可能有特别确定的轨道！因为，如果要想知道其确定的轨道，必须在好几个不同的时刻同时准确测得其位置和速度，而这是不可能的。那么，以一个原子为例，其电子之所以不可能围绕原子核沿轨道运动，是因为轨道根本就不存在！（再说，就算有轨道，也是无法测量的。）

在量子世界里谈轨道没太大意义，就像我们说一个地方既是白天又是黑夜，或者说用一只手鼓掌一样。

互补元素的统一

将量子世界的问题和用一只手鼓掌这样的禅宗公案进行类比，其实并不是偶然的，因为东方哲学（佛教、印度教和道教，尤其是道教）很早就对量子法则的发现者产生了极大的吸引力，或者说至少让他们很感兴趣。例如，深感自己与道家思想相距甚近的丹麦物理学家玻尔就很喜欢具有代表性的太极图——人们熟知的体现相对元素互补性的黑白阴阳图。他甚至将太极图贴在办公室的门上，并将其刻在自己的徽章上。他从太极图中汲取灵感，将1910—1929年实验观察到的结果，以及海森伯基于其不确定性原理用数学方式得到的结果，以一种普适性原理的形式表达出来。玻尔认为，量子物理学中最基本的二象性所反映的不是物理量的互异性，而是互补性。

这就是玻尔的互补性原理。这一原理认为，波粒二象性源于我们对所研究物体本质的无知，波动性和粒子性是物体两个不同的面，这两面不仅是不同的，而且是互斥的、不相容的，测量一

玻尔的徽章

个粒子的位置和速度时就是如此。一组组互斥的元素被一种不可触及的现实统一到了一起，超越了这些元素本身，不得不承认，只需要一点点灵感，我们的想象力就可以像脱缰的马儿一样自由驰骋。

让时间溜走的缝

"我在位于墨西哥街的办公室里保存着一张画布，几千年后，某人会用今天散落在地球上的材料在其上画画。"

——豪尔赫·路易斯·博尔赫斯
《沙之书》

玻尔的互补性原理虽然没能跻身于量子物理的重大原理之列，但在许多不同的实验中都能体现出来，这一点是有目共睹的。继著名的杨氏双缝干涉实验（见第二章）之后，物理学领域又出现了许多这一实验的变体，其中一个最能体现玻尔的互补性原理。在这个简单却极具证明力的实验中，微观粒子（光子、电子、原子、分子等）是一个一个地被发送至双缝板的，该实验凸显了粒子的干涉现象。

这个实验中加入了一个缝－粒子探测器，它能探测到粒子是否从其中一个缝（左缝或右缝）中通过。探测器放在双缝板和后屏之间，通过间接方式确定粒子是否通过缝隙，因此不会干扰粒子发送至双缝板那一段路程的轨迹。那么，在这种情况下，粒子撞击在后屏上的情况会是怎样的呢？会和没有安置探测器时的情况一样出现干涉条纹吗？

答案是否定的。撞击在后屏上的粒子没有形成任何干涉条纹。后屏上的情况与我们让一半粒子通过左缝而让另一半粒子通过右缝的结果是一样的：两堆毫无规律可循的撞击点，每个缝后一堆。换句话说，粒子通过这条或那条缝时是完全随机的，当它们从一条缝通过时并没有"觉察"到还有另一条缝存在，它们的行为方式与隔板上只有一条缝时完全一致。因此，加入一个探测器来探测微观粒子粒子性的做法似乎会让其波动性行为消失。掌握"从哪条缝通过"这一粒子性方面的信息，会让我们失去波动性方面的信息。

更令人震撼的是，从几年前起，科学家们就知道如何制造出只获取一部分粒子过缝信息的探测器。因此，我们就可以不用准确地知道每个粒子是从哪条缝通过的，还可以任意调整粒子性方面信息的获取模式。实验结果确定无疑：我们越清楚粒子是从哪条缝通过的，后屏上呈现出的干涉条纹就越不清楚！所以，波动性与粒子性之间的确是完全互补的。

　　微妙之处就在于，当我们能够探测出一个粒子从哪条缝通过时，这个粒子就像一个粒子那样运动，而不像波那样运动了。比如，当我们放置一个只探测通过某一条缝的粒子的探测器时，得到的结果就是如此。假定我们只观测左缝的粒子通过现象，那么，当我们发送一个粒子至双缝板却没有探测到任何情况时，我们就可以间接推知粒子是从右缝通过的。也就是说，只是知道一个粒子没有从某条缝通过（并没有实际测量，或者说是一种无损测量），就足以使粒子发生改变，变成只具有粒子性了。换个角度说，"可以在右缝探测到那个粒子"这样一种推断就使粒子的波动性消失了。在量子物理学中，那些本可以发生但事实上却没有发生的事件都能产生可检测的效应，这实在令人惊讶。这种让人困惑不解的现象叫反事实推理。

　　更令人惊讶的是，美国物理学家约翰·惠勒 1978年的实验发现，我们其实可以选择在实验后期再获取关于粒子是从哪条缝通过的信息，比如在粒子撞击后屏之前的那一刻，也就是它在穿越双缝区很久以后。我们把这种实验称作延迟选择实验。在这种实验中，观测结果也是一样的：没有任何干涉条纹出现！

　　延迟选择实验中最令人费解的一点是，在最后那一刻，也就是粒子即将撞击但还没有撞击后屏的时候，我

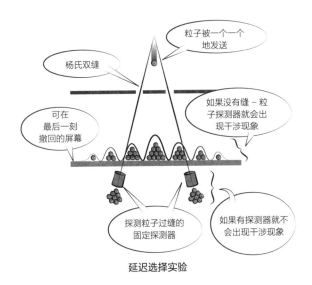

延迟选择实验

们可以选择不去了解粒子通过的是哪条缝，也可以选择获取这一信息，但我们可以选择在读取这一信息前用一种适当的方式将其抹去（专业术语为量子擦除）。在这种情况下，粒子通过的是哪条缝仍然是一条未知信息，而粒子在后屏上的撞击点又会形成干涉条纹。

在宇宙空间进行的实验

以上这些令人费解的现象仿佛颠覆了我们以往对时间的理解，此类现象其实并不只是在实验室里才能看到。在不同尺度的实验环境中，这些现象都得到了证实！比如说，在约翰·惠勒想象出来的那些实验中，所使用的光来自遥远的星系，而探测屏和双缝板之间的距离有宇宙那么大！2016 年，意大利科学家在这个方向上迈出了第一步：他们在地球与多个卫星之间的宇宙空间里做了一个实验，在这个实验中，光的传播距离超过 3 000 千米。实验得出了同样的结果：无论我们选择在什么时刻观察粒子从哪条缝通过，这种对粒子性的测量都会使粒子保留粒子性但失去波动性。正如 2015 年用原子代替光子成功完成延迟选择实验的澳大利亚物理学家安德鲁·特鲁斯科特所说："在量子层面，现实，如果我们不看它，它就不存在！"

测量或者不测量粒子从哪条缝通过，都会对粒子在整个实验系统里的整体行为方式产生影响，尤其是在双缝区，因为在那里它既可以表现得像波（无探测器时）也可以表现得像粒子（有探测器时）。

如果探测行为发生在粒子穿越双缝区之后，那么它就好像能对过去产生影响，或者说它是一种未来对过去的反作用。因此，我们对实验操作的选择似乎能够决定粒子之前的状态，我们习以为常的时间概念就此被颠覆了。

换句话说，这就像是每个粒子都在同时探索时间和空间上所有可能的路径一样。如果后屏前面不设探测器，那么可能的路径就是能发生干涉的路径；反之，如果有探测器，可能的路径就是不发生干涉的路径。

循着费曼的路径

时空路径这种说法，其实是美国天才物理学家理查德·费曼（1918—1988）提出的。他是 20 世纪科学界中最后出现的几位伟大的思想家之一，同时也是知识的传承者。他是举世无双的教育家，敢于打破传统观念，有时又有些疯疯癫癫，若非如此，他也不会在那些已逝的物理学家兼诗人的圈子里显得特立独行。他总是站着打非洲手鼓，他的格言和深邃的思想也使他名垂千古。在给学生讲解双缝实验时，费曼总是习惯于说量子物理真正的奥秘就藏在这个实验里，而他，尽管因在量子理论上的贡献而获得了诺贝尔奖，也无法向他们解释清楚这奥秘究竟是什么，但无论如何，他还是可以细致地描述它是怎样发挥作用的……

量子物理蓝天中的不协调

　　总的来说，在量子世界进行测量，与经典世界中我们惯常所指的测量（即非量子测量）没有任何共同之处。量子世界的测量行为非常特别，因为主宰一切的是偶然性和突发性。在对一个物体做完量子测量后，我们所获的结果其实只是许多可能出现的结果中的一个而已，并且在测量后，该物体就会立即转变至与测量前或许完全不一样的量子态。

　　这种彻底的改变是在极短的时间内完成的，短到在我们看来是即刻实现的。量子态的转变其实是不连续的，是从一个量子态突然转到另一个量子态。这样一来就浮现出了一个问题：怎样调和这种不连续的行为与薛定谔连续的方程之间的矛盾呢？事实上，薛定谔方程理应能够描述任何一种量子态的变化，在测量中应该不需要考虑尺寸大小或作用影响等因素。

因此，除了一个描述被观测物体特征的量子态外，还有一个描述测量仪器特征的量子态，甚至有一个可以将"被观测物体＋测量仪器"整体描述出来的量子态。此外，还有可以将实验者包括进去的量子态，也有可以将实验室、地球，乃至整个宇宙囊括其中的量子态！所有这些量子态的变化都被认为是可以用著名的薛定谔方程来描述的，但问题是，该方程的数学形式使它无法描述突然的变化或不连续的变化。

因为这种矛盾，薛定谔方程给出的量子态随时间而发生的变化似乎就与量子测量的概念不相容了。然而，令人匪夷所思的是，无论是薛定谔方程还是在测量时粒子发生的突然转变，都得到了实验的充分证实，并且可以用实验反复重现！

那么，怎样理解粒子行为的两面性呢？对一个物体来说，究竟是什么决定了它在两次测量之间的变化是温和而连续的，而在一次测量时的变化却是不连续的呢？

最后，我们又回到一开始的问题上了。事实上，我们总是说着说着就会回到这个问题：究竟什么可以叫测量，尤其是量子测量？我们可以用一种不同的眼光来看待它吗？或者用科学哲学家莫里斯·梅洛－庞蒂在思考可见的和不可见的过程中说的那样，我们可以用不同的眼光来"重新学习如何看世界"吗？

测量与变化并不是天生一对！

在那些有趣的量子效应中，有一个叫量子芝诺效应，它是基于这样一个事实：如果两次测量间隔的时间足够短，那么被观测物体的量子态就来不及发生变化，因此其量子态就被"冻结"了。通过持续不断的测量，我们就可以阻止一个量子系统薛定谔式的正常变化。这有点像当我们不想让某人睡觉时不断地问他"睡了没？"。

细细思考就知道，测量其实就是一种相互作用，一种被测量物和测量仪器之间的相互作用。如果说在经典物理学中这两者间没有本质上的区别，那么在量子物理学中可就不是这么回事了。当我们进行量子测量时，事实上是测量仪器的属性决定了可能会出现的结果和测量后可能出现的量子态。这一切并不是被测物体的属性所决定的，被测物体的属性只在决定可能结果的概率值时发挥作用。

如果我们理解了测量就是一种相互作用，那么实际中的量子测量会是什么样就不难想象了。比如，探测原子的仪器有着极细的探头，当它要探测原子的时候，它就会把探头靠近原子。再比如，探测一个分子发射出的光会用到光子探测板（利用第二章中介绍的光电效应）。

但测量仪器和被测物体的根本区别在哪里呢？两者都是由原子和分子组成的，从量子物理的角度上来看，两者本质上是一样的，甚至可以由同样的原子和分子组成。然而，很明显的是，测量仪器没有波的属性，它们也不会从一处突然消失又在另一处即刻现身！那么，一个量子物体和一个经典物体的区别在哪里呢？

当然，最显眼的区别就是它们的大小不同，也就是说组成它们的原子数量不同。一个具有易测量的量子效应的物体所含的原子数量很少，而测量仪器所含的原子数却能多达几十亿的几十亿倍！

因此，我们可以想象测量仪器里的每一个原子以波的形式互相交织在一起，互相干扰。打个比方：向池塘里扔一粒沙子，我们会看到水中出现美丽的涟漪；但当我们扔一把沙子时，我们看到的只是由行波引起的难看的水面波动，这是成百上千的涟漪很不协调地交错在一起的结果。

这种由于粒子数量庞大而产生的量子效应弱化甚至消失的原理被称为对应原理。其实，它不仅是一条原理，还是以确定经典世界与量子世界边界为目的的许多实验研究中观察到的一种属性（但并不是普遍的）。

正如一把沙子被丢进水中会产生许多不协调的波纹一样，在量子世界里也有类似的现象，我们称其为退相干现象。

退相干过程的时长就是一个量子物体失去其量子属性变成经典物体所经历的时长。对于一个和人差不多大小的物体，即所含原子数达到几十亿的几十亿倍的物体，它的退相干过程是极其短暂的。即使是一个原子，这一过程的时长也几乎为0！只需与许多粒子发生相互作用，比如，与空气的组成成分或是与周围照射过来的光线中的光子发生作用，就足以促成退相干现象的发生。因此，要想保持一个物体的**量子相干性**，就必须最大限度地将其与周围所有干扰物隔离开来。

但还存在一些难于解答的问题。测量仪器是怎么"知道"自己应该像这样行事的呢？组成仪器的所有原子怎么"知道"自己应该这么做，以便其与被测量物体之间的集体性相互作用能够使其完成这种测量而不是那种测量呢？比如，它们怎么"知道"需要全体一致行动去完成对位置的测量而不是对能量的测量呢？是不是很蹊跷？

答案有说明力，但还不是全部

　　自从量子物理登上历史舞台，许多研究者都想弄清楚"观测者"（测量仪器）与"被观测者"（被测量的物体）之间到底有着什么样的特殊关系。20 世纪 20 年代末，关于这一问题，科学家们初步在数学层面和实际层面上达成了一致，美国物理学家约翰·冯·诺伊曼将所达成的共识整理成形。20 世纪七八十年代，从他闻名于世的研究工作中诞生出了今天量子物理学的两大概念，一个就是已经提到过的"退相干"，另一个则是"量子广义测量"（英文缩写是 POVM，给喜欢缩写的人）。两者都还处于研究阶段，但这两大进步已经能够使我们对"究竟什么才可以叫真正的量子测量"这一问题所涉及的许多奇怪之处产生清楚的认识，尤其是有助于理解为什么测量仪器以经典方式行事而组成它的原子和分子却以量子的方式行事。

　　然而，关于量子测量还有很多未解之谜，第一大未解之谜就是测量结果不可消除的偶然性，或者说量子理论最根本的概率性。

第六章

薛定谔和他的猫

——量子物理的核心

态的叠加和纠缠这两大概念是量子加密技术、量子信息和量子隐形传态等量子物理最新应用的核心。"薛定谔的猫"这一标志性实验表明，将量子理论搬到现实世界来解释是有问题的。

"如果你有一根棍子，人们就会给你一根棍子；如果你没有棍子，人们就会从你那儿拿走它。"

——克里斯蒂安娜·罗什福
《世界就像两匹马》

如果说前一章强调了量子测量的复杂性，那么其最怪异的一些方面并没有展示出来。80多年以来，那些更加令人震惊的现象让科学家们的论证经受了严酷的考验。比如，量子态的叠加和纠缠似乎颠覆了传统的空间概念，挑战了我们习以为常的逻辑思维方式，科学家们也被逼得走投无路，只得在物理学的动物寓言故事集里加入一只古灵精怪的小老鼠和一只僵尸猫！

对于量子态的叠加和纠缠现象的表述，薛定谔和爱因斯坦做了很大的贡献。这两种现象也促使科学家们对量子理论最显著的特征之一提出了一些几近哲学的问题，这一特征就是量子理论需要解释。量子理论本身不能自说自话，它与物理学上的其他理论（当然是经典物理学的理论，如经典力学或电子学）不一样的是，它数学化的表述让人明白不了它的物理意义，因此，它必然需要一种解释。然而，问题（一个很大的问题）是，它没有唯一的解释。这与我们想的恰恰相反。

量子世界的莎士比亚或许会说：
生存与死亡同在

当我们抛硬币的时候，硬币落下来，要么是正面朝上，要么是反面朝上，你能想象两面同时朝上的结果吗？彩笔的墨水可以既是黑色又是白色，但却不是灰色，这种情况你能想象吗？一个物体可以同时具有运动和静止两种状态吗？可以既在这里又在那里吗？可以既朝一个方向转又朝另一个方向转吗？

这些问题初看似乎很荒诞，或者说玄之又玄。我们感觉相反或对立的两个现象怎么能真的同时发生呢？逻辑上，我们无论如何还是可以想象一下的，就像哲学家帕斯卡尔所说的那样，"一个深刻的真理，它的反面是另一个深刻的真理"。物理学家玻尔正是借用这句名言来阐释其受道家思想启发而提出的互补性原理的（见第五章）。

好，逻辑上说得通，但现实生活中的物，也就是物体、物理现象，也可能是这样的吗？是的！量子物理这样回答。但我们不应该对此太过惊讶，因为这样的观点并不是量子物理独有的，我们每一天或者说几乎每一天都在经历这样的事情，只不过没有意识到罢了。比如，小提琴的一根弦，当它处于振动状态时，它发出的音其实并不只有一个，也就是说，弦在这时并不是处于单一的振动模式。发出的声音里有基音的泛音（频率是基音的整数倍），还有其他杂音。其实，我们听到的声音是不同振动叠加的结果。

事实上，这种叠加现象是任何一种波都会产生的，无论是声波还是光波。我们在第二章介绍杨氏双缝实验时已经讲过波的叠加问题。那一章讲到的波是水中同心圆式的水波或者光波，在相互叠加后，前者会产生波互相抵消的区域，后者会在一部分区域产生暗条纹，这两个区域里波的强度都为零。

鉴于物体的量子态用波（术语叫波函数或概率波，我们在第三章中介绍过）来表示，量子波也会产生一模一样的叠加现象，推而广之，与量子波相关的量子态也会如此。理解了双缝实验中概率波的叠加，我们就更容易理解，在粒子（原子或光子）一个一个地被发送至双缝系统的情况下，干涉现象从何而来。

然而，这种概率量子波是无形的。还记得吗？它不属于我们这个世界，而是存在于一个抽象的数学世界里。它的强度会告诉我们由这种波描述的物体在这个或那个位置上出现的概率是多少。量子物理除了给叠加现象带来了随机性之外，好像就没有什么新东西了。

不过，量子物理中的叠加原理还真是革命性的。为什么这么说呢？很简单，就是因为它适用于所有的物理属性！能量、位置、速度，又或者是旋转这样的运动，无不如此。因此，按理说，我们可以将任意一个物理属性的量子态进行叠加。比如，我们可以使一个原子处于同时对应着两种、三种或四种不同能量的量子态中。我们也可以使这个原子处于一种同时沿两个方向旋转的状态中（既向左也向右）！

我们可以做到在开动的火车上整理自己的卧室吗？

开什么玩笑

想要用生活化的语言把量子态叠加的概念讲得让人一听就懂，是一个挑战。不过，语言中的某些表达会给人造成模棱两可的感觉或让人产生含糊不清的印象，这一点倒是可以很好地帮助我们理解量子态的叠加问题。举一个例子，当一位父亲要求儿子："路易，你就不能不收拾你的卧室吗？"那么，路易是该收拾还是不该收拾呢？这样一个双重否定所带来的一瞬间的疑虑会不会让我们感觉到这两种可能性确实可以同时叠加在一起呢？

同样，另一个场景也会让我们产生奇怪的感觉：在火车站里，两列火车停在相邻的两个轨道上，我们身处于其中一列火车上。当两列火车中有一列开动时，在那一瞬间我们无法判断到底是哪列火车开了，因为两列火车相对彼此都在运动，我们在那一瞬间无法辨别出是我们这列车在动还是另一列在动。因此，我们会感到自己处于一个中间状态，既是在运动的，又是静止的，二者同时存在。这就是一种运动和不运动的叠加态，至少我们有这样一种感觉，而一旦我们突然明白了实际情况，这种叠加态就消失了，变成了单一态，就像量子测量后的结果一样。

有些认知科学研究者甚至提出了这样的观点：幽默的产生或许也是遵循量子模式的。他们认为，一则笑话，比如说那种荒诞的笑话，让人觉得好笑的时候并不是在我们全明白笑话的时候，而恰恰是在两种互相矛盾的含义或诠释不分上下、并行于脑中的时候。事实上，当我们必须对笑话进行解释的时候，这难道不是意味着它并不好笑吗？

禅宗公案能对人产生影响也是基于这一点，本章开篇引用的克里斯蒂安娜·罗什福的话就是如此。

量子叠加现象并非局限于原子和光子所处的亚微观

的遥远世界。2010 年，美国加州大学圣巴巴拉分校的约翰·马丁尼斯教授的团队成功地使一个宏观物体处于量子叠加态。实验中的宏观物体是一根长 60 微米的小金属棒，只有一根头发丝那么粗。该研究团队成功地让这根小金属棒处于振动和静止同时发生的一种叠加状态中。是的，你没有看错，一个肉眼可见的物体也可以同时处于静止和运动两种状态！

可惜，尽管能处于叠加态的物体现在可以大到不用显微镜就能看到，但我们却无法看到它们既运动又静止的叠加态，因为根据量子测量的原理，单单一个测量行为就能破坏物体的叠加态，使其只处于两种状态中的一种：要么静止，要么运动。其实，量子测量就是把"和"变成了"或"。

物理学实验的挑战则是通过将实验物体与周围环境最大限度地隔离开，尽可能地延长量子叠加态持续的时间。这是因为周围环境是具有干扰性的，能使物体发生退相干现象，也就是说能产生与量子测量同样的影响，即在很短的时间内（对于马丁尼斯团队的实验中的那个小金属棒来说，就是十亿分之几秒的时间）使量子叠加态消失。

量子比特：量子密码学与量子计算机

　　将量子态叠加持续的时间尽可能延长，这在科技领域有着非常重要的意义，因为大家都有所耳闻的"量子比特"就是从这些稀奇古怪的叠加态中诞生的，而量子比特又是量子信息和量子密码学领域的基石。

　　从技术层面上说，一个量子比特就是一个有两种量子态的系统。它可以是一个物质性的实体（如原子或电子），也可以是非物质性的（如光子）。经典信息技术领域中的基本单位是比特，量子信息中的基本单位就是量子比特。

　　在经典信息技术领域，1 比特只可以有两个特定的值，记作 0 和 1。这两个值分别对应一个经典物理量（如电压或电流）的两种不同状态。和 1 量子比特一样，1 比特也是一个有两种状态的系统。但与量子比特不同的是，1 比特只能是两种可能状态中的一种：要么是 0，要么是 1，不能同时是 0 和 1。

在量子物理学中，就没有这种限制了，一个量子比特既可以是 0 的状态，也可以是 1 的状态，还可以有无数种中间状态："一点点 0 和很多的 1""一半 0 和一半 1""超多的 0 和极少的 1"……这些中间状态其实对应的就是 0 和 1 两种量子态所有可能出现的叠加情况。

是什么让人们对量子比特如此感兴趣？为什么 G20 成员，以及谷歌、IBM、英特尔、微软这样的全球巨头企业会投资数十亿欧元，只为延长量子比特的寿命，改善其可操作性和可靠性呢？这些投入主要是为了发展两个应用领域：量子密码学和量子信息学。

经典密码学的几个概念

量子密码学是经典密码学的量子版，也是一种在两人间传递信息，同时将第三方拦截并窃取信息的可能性降到最低的艺术。从古代美索不达米亚人和撒马尔罕的阿拉伯智者对调或替换字母的方式，到二战时的恩尼格玛密码机和洛伦兹密码机，再到今天基于质数的算法，几千年来，世界各地发明的加密技术不胜枚举。

一般来说，用加密技术实现信息的交换就是将信息转换成密码，即一连串让人读不懂的象征性符号（如一连串的 0 和 1），然后发送给信息的接收人，后者用密钥就能将符号再转换回能读懂的信息。如果信息是可以公开的（因为没有密钥就看不懂），那么密钥一般就是保密的，只有发送人和接收人知道。当信息收发者和信息的数量多起来时，问题的焦点就集中在为数众多的密钥的安全性上了，这些密钥本身也会被加密。

现代最前沿的加密技术叫 RSA 系统（以其三位开发者姓氏的首字母命名），是李维斯特（Rivest）、萨莫尔（Shamir）和阿德曼（Adleman）于 1977 年发明的。这一系统通过使用一个很大的数为密钥加密，从而让人们可以公开地发送加密密钥。这个很大的数是两个很大质数的乘积，接收人只知道其中一个质数（质数指的是无法被 1 和其自身外的其他任何数整除的数，如 2、3、17、421、1979 等）。一个黑客要想解密密钥并解码信息，必须找到乘积为加密密钥的那两个质数。当这两个质数非常大的时候，哪怕是启用多台超级计算机一起计算，这一任务也是极其艰巨的（当然，对于接收人来说，这一任务非常简单）。

事实上，对于经典加密技术的可靠性和安全性的评估，是以潜在黑客完成密码破解使用的计算机的计算能力和完成计算所耗的时间来衡量的。如果黑客使用的是普通的计算机，加密系统遭遇黑客攻击的危险就非常小，因为传统计算机的计算能力是有限的。但如果黑客使用的是量子计算机，那么情况就大不相同了，因为量子计算机的计算能力理论上说几乎是无限大的，所有现代加密系统都有被黑的危险。

实际上，一个量子计算机的基本运算操作（术语叫逻辑门）之所以能够实现，借助的不是经典世界中的比特，而是量子比特。我们之前也讲到过，量子比特不是必须处于 0 的状态或者 1 的状态，而是可以处于两种状态的叠加态，也就是说可以同时处于两种状态。因此，用量子比特进行的基本运算操作就可以同时在 0 和 1 的状态中展开（也就是同步进行），如果用比特来运算，就必须进行两种不同的操作（一种在 0 的状态下，一种在 1 的状态下）。

因此，2 个量子比特的计算机可以同步进行 $2^2 = 4$ 种运算，分别对应于 00、01、10 和 11 四种状态。3 个量子比特的计算机可以同步进行 $2^3 = 8$ 种运算，对应的八种状态是 000、001、010、011、100、101、110 和 111。推而广之，如果有 N 个量子比特，就可以同步进行 2^N 种运算。也就是说，在（量子）比特数一样的情况下，量子计算机的运算能力是传统计算机的指数倍！

要想更直观地了解量子计算机和传统计算机运算能

力上的差别，可以看看下面的这个比方。想象一下，我们想在一张世界地图上把所有的发达国家都涂成红色。如果采用经典的方法，首先得把每个国家都了解一下，看它是不是发达国家，然后再一个一个地把发达国家涂成红色。如果采用量子的方法，只需要把这个问题提出来，所有发达国家就一下子全变成红色了。

经过对比，我们估计，要想超越目前最强大的超级计算机的运算能力，只需要50个量子比特就够了。如果有300个量子比特，我们甚至就会进入一个完全陌生的领域。在那里，运算能力能达到无法想象的程度，同步进行的运算操作的数量比整个宇宙中所有原子的数量的总和还要多。

量子优势与退相干

2017年，人类成功跨越了体现量子优势的标志性门槛——50个量子比特。有分析家预测，到2030年时，人类将有望实现超过100万个量子比特。然而，要想将量子计算机惊人的运算能力完全开发出来，仍然有许多技术障碍。

其中一个技术障碍是量子计算机不可避免地会与周围的环境发生相互作用，从而导致退相干现象。这是诸多障碍中最大的一个，它极大地限制了运算时长和数据的存储。重新编程是有困难的，量子计算机的输入量和输出量也是有限的，因而在今天，它们在数据开发、组合处理或者解题方面的应用还非常有限。目前，量子计算机主要用于在数据库中进行快速搜索、模拟复杂系统（在气象学、生物信息学、人工智能、材料物理学等领域），当然，除此之外，量子计算机还被用于密码学。

破解用现代的技术手段加密的信息的关键是将大数分解成质数的乘积，这一分解能力似乎终将是量子计算机的拿手绝技，尽管其表现目前还远远不及传统计算机。（传统计算机目前已经能分解超过 230 位的数字！）。

不过量子计算机分解质因数的能力一直在进步。短短几年间，量子计算机能分解的数就从 2 位上升到了 6 位，人们对未来十年的发展趋势非常看好，因此世界各国和各大跨国企业都纷纷加入了一场疯狂的量子计算机研发竞赛，只为率先夺取密码世界的（量子）霸权！

目前已经诞生了两种试图抗衡量子计算的新密码学。一种是后量子密码学（属于经典密码学范畴），这种密码学以新的编码算法为基础，被认为能够抵御量子计算机的攻击；另一种是量子密码学，这种密码学利用量子现象实现加密，保密性极佳，黑客无论用何种办法都无法破解密码。

量子密码学以量子比特的交换为基础，除此之外，它还建立在两种量子特性上，而这两种特性在量子信息学领域中反而被视为缺陷。

第一种特性与量子测量有关。如果一名黑客拦截了一条加密信息并试图阅读它，这条量子信息的叠加态就会立刻被摧毁而绝无挽回的可能，原来的叠加态会变成其他状态（与阅读操作相关的测量本征态）。因此，即使黑客在读完信息之后立即将其发至原接收人，原接收人也能知道这条信息被窃取了，因为他可以与原发送人一起将交换过的一部分量子比特进行对比。在实际操作中，量子比特受干扰率超过25%时，我们就能确定信息被人窃取了。

第二种特性叫量子不可克隆性。要想对量子态叠加现象进行精准复制，从而得到一模一样的量子态叠加，这也是不可能的。这一特性可以防止黑客窃取加密信息：即使黑客想制作副本稍后再读或者想把信息原件发给原接收人而不被发现都是不可能的。

理论上，这两个特性结合在一起，赋予了量子密码无比的可靠性和保密性。当然，在实际操作上，问题就比我们想象的更难了，但是已经有多个国家和多家企业开始用量子密码系统来为敏感数据（包括电子投票和银行交易）的传输保驾护航了。

从量子纠缠到量子隐形传态

量子纠缠一定是物理学领域，甚至所有科学领域中最离奇、最让人想不明白的现象了：相互作用的粒子，无论相隔多远，都能保持联系。

当然，为了尽可能长时间地保持这样的隔空联系，必须保证粒子不过多地受其他相互作用的影响（因为这些作用会干扰或消除粒子间的隔空联系信息）。满足了这一条件，发生量子纠缠的一对粒子就像是合为一体了一样，其中一个发生任何变化，都会立刻导致另一个发生同种类型的变化，哪怕两者相距甚远时也是如此。

发生量子纠缠后，两个粒子间就好像有一条无形的线将其相连，这是一种看不见的纠缠，从经典物理学的视角出发是完全无法理解的。两粒子之间的联系，既不是物质的，也不是源自某种力或者某种已知的相互作用（比如光与粒子的相互作用）。这是一种超越时空的联系，一种典型的量子联系，是薛定谔和爱因斯坦在20世纪30年代中期提出来的（"纠缠"这个名字是薛定谔取的，用来表示那种状态下联系在一起的粒子所具有的量子复杂性）。

让我们大胆地打一个比方。想象一下一个轮子可能的旋转状态：沿着一个方向旋转（比如顺时针）或者沿着另一个方向旋转（对应的就是逆时针）。很显然，在经典世界里，一个轮子只能沿着一个方向旋转，不可能同时沿着两个方向旋转。但在量子世界里，这种两种状态不可兼具的现象是可能发生的（本书前文中介绍过）：一个物体可以处于两种状态的中间状态——叠加态。在我们的这个比方中，设想一下，我们可以使一个轮子处于一种中间状态，即同时沿着两个相反的方向旋转的状态，这个中间状态就是两者的叠加态。

当然，当我们对轮子的旋转状态进行测量时，我们得到的结果只会是轮子沿着两个方向中的某一个旋转。

两个轮子旋转状态的叠加

根据量子测量的原理，这种结果根据一定的概率出现。比如，如果两种状态的叠加是均衡分布的，那么测量出的结果中两种旋转方向出现的概率就会是一样的，也就是说各占一半，朝一个方向旋转的结果占 50%，朝另一方向旋转的结果也占 50%。我们可以将这样一种叠加态称为全局零旋转，不过这种叫法会让人觉得太像经典世界中的现象了。

纠缠牵涉的不是一个轮子，而是两个轮子。想象一下，我们现在知道如何制备两个轮子，这两个轮子不仅自身处于全局零旋转叠加态，两者叠加到一起时也是如此。

也就是说，制备一个二轮叠加态：当 1 号轮沿着一个方向转动，2 号轮就会沿着相反的方向转动。初看起来，很多人可能会觉得这种叠加态难以实现，但实际上，世界各地的实验室都成功实现了这种叠加态（比

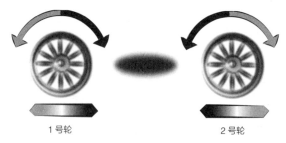

1 号轮　　　　　　　　　　　2 号轮

两个转轮的纠缠

如，某些晶体就可以将一个入射的光子变成两个此类相互纠缠的光子）。

这两个轮子中的每一个都处于"既沿着一个方向转又沿着另一个方向转"的叠加态，只有当我们对其进行测量时，每个轮子才会呈现出一种确定的状态，即要么沿着一个方向转，要么沿着另一个方向转。

这种纠缠态最神秘、最令人困惑的一点是，对其中一个轮子进行测量会即刻对另一个轮子产生影响！例如，当我们测量 1 号轮，发现它在沿顺时针旋转时，2号轮就会立即沿逆时针旋转（这一点可以通过后续的测量来证实）。

令人不解的是，2 号轮的状态在我们没有对其做任何测量的情况下就改变了，而且它的变化不是随机的，而是永远和 1 号轮的状态联系在一起的。因此，2 号轮的状态与 1 号轮的状态存在直接且即时的联系：当我们发现一个轮子沿着某个方向旋转时，我们就会立刻发现另一个轮子沿着相反的方向旋转，反之亦然。

从更广泛的意义上说，当两个纠缠的微观粒子中的一个在接受测量时，另一个就会即刻受到影响，因此在测量后，二者仍然处于完全关联的关系中。比如，想象一下两个相互纠缠的量子轮，一个在地球上，另一个在测量前已经被送到了火星上。即便相隔如此遥远，测量

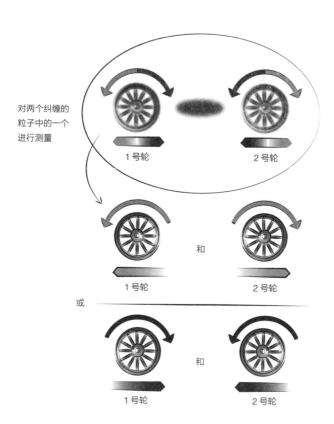

对两个纠缠的粒子中的一个进行测量

1 号轮

2 号轮

和

1 号轮

2 号轮

或

和

1 号轮

2 号轮

纠缠后仍然处于完全关联的状态中

结果依然会是如此！

量子纠缠的这一特点被称为非定域性：无论两者的距离有多远，处于纠缠态的两个粒子都能即刻地影响到对方。这一点与更符合我们直觉的定域性原理（一个物体只会受其周围环境的影响）完全相悖。

那么，我们是不是可以利用量子纠缠现象来实现超光速传送信息呢？（但这将有悖于现代物理学的另一大支柱理论——爱因斯坦的相对论。）比如，将相互纠缠的两个粒子中的一个发送给我们的朋友鲍比，然后对保存在我们这儿的那个粒子进行测量，与此同时，鲍比会观察他那儿的粒子突然发生的变化（从而实现信息的即时传递）。

答案是否定的，至少在量子物理的标准诠释（哥本哈根诠释）的框架内是这样。实际上，由于测量的结果是随机的，因此当我们对我们这儿的粒子进行测量时，鲍比有可能无论用什么测量方法都观察不到他那儿的粒子在我们测量前后的变化。

隐形传态成为现实，一个量子世界的现实

今天，人类已经能够创造出一对对相互纠缠的物体，包括光子、电子、原子、分子，甚至是微小的晶体。说到相互纠缠的粒子间即刻互联这一特性，最新的测试结果显示，如果粒子间确实有这种交流，那么这种交流的速度就应该超过光速的 10 万倍！2017 年，中国的一个研究团队成功地使两个光子在相隔 1 200 千米的情况下（一个位于地球上，另一个位于专门用于量子实验的卫星上）依然保持纠缠。这一距离也是迄今为止人类实现量子纠缠的最大距离。

在实际应用上，尽管纠缠态越来越多地被运用于密码学和量子信息学，但其主要的应用还是量子隐形传态。但请注意，这一现象和科幻电影里的隐形传态完全不一样！量子隐形传态所传送的，既不是物质（人的可能性就更小了），也不是能量，而是信息。这些信息不是别的，正是一个粒子的量子态。当我们进行测量时，通过纠缠作用隔空即刻传送至另一个粒子的，正是这种状态。事实上，这一过程只是看似能够即刻完成而已，因为还是需要一个经典的通信渠道来确定被传送的量子态，因此，以超越光速的速度来传输信息是不可能的。

我们也将量子隐形传态这一现象称为量子传真，因为两者在我们的头脑中会形成很相似的画面，量子隐形传态就如同发传真一样，将写在一张纸上的信息隔空传送至另一张纸上，中间没有任何物质运输载体。然而，与经典传真不同的是，量子传真的原件会在对方收到传真件后无可挽回地自动销毁，因为在量子物理的世界中，物体是无法被克隆的。

如今，量子隐形传态已经成为现实。我们已经知道如何在多种物理系统中实现量子隐形传态，包括光子、电子、原子，甚至是气体，也就是说连非微观系统都可以了！目前，量子隐形传态的最大距离是 1 400 千米，这一纪录是由中国的潘建伟教授团队于 2015 年创造并保持的。

与原子发生纠缠的猫，太奇怪啦！

1935 年，薛定谔和爱因斯坦指出，量子物理的数学框架允许发生纠缠这一奇怪的现象，不过他们仅仅是为了强调这种现象的奇怪之处。他们认为纠缠现象确实存在，但并不是量子的奇特性导致的，这种超距作用的怪异之处并不在现象本身，而是在计算之中，也就是说，在标准量子物理学对它的数学描述中。

他们对量子态完美关联性的解释很简单：相互关联的两个粒子的状态早在测量前就确定了。这很像大家熟知的那个关于手套的例子：拿一副手套，随意将其分别放进两个行李箱内，寄往两个相隔万里的国家。尽管我们不知道哪只手套在哪个箱子里，但只要打开其中一个箱子，立刻就能知道另一个箱子里的手套是哪一只。无论两个箱子相距多远，我们都能做到这一点！因此，这其实一点儿也不神秘，开箱查验这一行为对手套的情况也没有任何影响。

对于爱因斯坦（以及他的两位同事——波多尔斯基和罗森，这两位科学家的名字时常被人遗忘，只在EPR悖论的首字母缩写中留下了痕迹）而言，纠缠现象的非定域性只是表象。他们认为，标准的量子物理世界中应该有一些我们尚不知晓的量（非常符合逻辑地被称为"隐变量"），它们可以告诉我们相互纠缠的粒子预先就已经确定的状态，就像关于手套的那个例子一样。

然而，许多年过去了，究竟是量子物理的标准版本正确还是爱因斯坦及其同事的那个"隐变量"版本正确，一直没有一个定论。人们一度认为这个问题与其说是一个物理上的问题，不如说是一个哲学上的问题。1964年，一位名叫约翰·贝尔的爱尔兰研究者想出了一个办法，让我们可以知道相互纠缠的粒子的状态是否在测量前就早已确定了！

自那以后，科学家们又做了许多实验，其中最著名的当属法国物理学家阿兰·阿斯佩于1981年做的实验（在此我们就不详细介绍了），尽管科学家们要到2015年才确信其结论没有任何漏洞。阿斯佩实验的结果毋庸置疑：量子纠缠确实是非定域性的，两个相互纠缠的粒子之间的空间就像根本不存在一样！

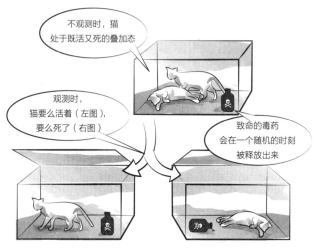

思想实验（仅停留在思想层面！）：薛定谔的猫

　　1935 年，薛定谔甚至决定让一只可怜的猫登场，以此强调在他眼中量子纠缠现象的荒谬之处。然而，历史就是这么讽刺，**薛定谔的猫**这一思想实验（和以薛定谔名字命名的方程一起）恰恰成了今天展示量子物理真实怪异性的标志。

　　在这个思想实验中，一只猫被放入一个不透明且隔音的盒子，盒子里还有一个量子装置，这个量子装置会在一个随机的时刻杀死这只猫：当发生一个量子事件时，这个致命的装置就会被触发。比如，通过放射性原子的衰变来触发这个装置，继而打翻装有毒药的瓶子，释放出的毒药使猫毒发身亡。

时间越长，这一量子事件发生的概率就越高，猫死亡的可能性就越大。一段时间过去后，也就是到了放射性原子的半衰期时，猫的死亡概率就是 0.5，即此时猫还活着和猫已经死了的可能性各为 50%。

为什么我们在这里会说到纠缠这个概念？因为在这个装置里，猫和放射性原子之间有着完美的关联性：要么放射性原子发生衰变，猫死亡；要么放射性原子丝毫没有发生变化，猫依然活着。当这个思想实验的时长达到放射性原子的半衰期时，"猫 + 原子"这一系统就处于一种纠缠态，"猫死亡 - 原子衰变"和"猫依然活着 - 原子不变"这两种可能出现的情况发生的概率是相等的。

但这究竟只是一种表达方式，还是说猫真的会处于既活又死的"僵尸猫"的状态呢？自从被提出来之后，这个令人惊讶不已的问题就一直深深地困扰着科学家们。不过，这倒是让人们意识到了量子物理的一个根本特性，那就是量子物理需要解释。

不知疲倦的探索者

注意，千万别把薛定谔和爱因斯坦想象成量子物理野蛮的反对者！他们曾经是量子物理主要的奠基者，只不过他们同样也对自己的言论和信仰持怀疑态度，质疑那些曾经使自己荣耀全球的发现罢了。对于他们而言，成为量子理论之父并没有让他们停下质疑其根基的脚步。虽然科学史后来证明他们的质疑错了，但他们探寻量子物理漏洞的研究仍然是促成与量子理论相关的创新和应用的重要原因之一。

需要强调的是，薛定谔假想的实验后来变成了真正的实验，但在现实版中，谢天谢地，并没有用到猫，而是使用了原子和光子。2012 年，物理学家大卫·温兰德和塞尔日·阿罗什因为对薛定谔的猫的退相干现象的实验研究获得了诺贝尔物理学奖。

交响曲在寻找演奏者

对量子世界的探索给了人无与伦比的眩晕感：全新的语言、全新的观测方式、全新的思维模式……量子物理是一门实实在在的全新科学。它有力地推翻了我们对"真实"的惯常表述，或者说，它至少推翻了我们对我们称之为"真实"的事物的表述。正因为如此，自20世纪20年代量子理论的方程式诞生以来，量子物理学界对世界的描述提出了多种解释，这一点也就不足为奇了。

其实，有许多种不同表述的理论并不限于量子物理（经典力学也有十几种不同的表述，但它们在数学上是等价的），量子物理最耀眼的独特之处正于，人们对其所做的诠释存在着多样性。我们甚至可以说，量子物理曾经的奠基者以及今天的思想家对这一领域的许多方程式、原理及现象都没有一个统一的解释！

这在科学史上可谓绝无仅有！或许，量子理论的本质特征就是它的多义性，我们不能在一百年来涌现出的几十种解释中选取其一而妄下定论，因为对它的理解恰恰是通过多种不同的解释实现的。借用法国诗人让－皮埃尔·西梅昂谈到诗歌时说过的一句话，我们对量子物理的每一次诠释其实都在运用"自己的意识去创造新的不同的理解方式，它们是活跃的、原创的、意料之外的，因而可以说有特别高的自由度"。

比如，对某些物理学家而言，只有观察和测量结果是重要的，其他的诠释都是纯粹的哲学思考并且对现实毫无影响。现实仅由测量工具的屏幕或表盘上显示的结果来描述。

这些物理学家还认为，似乎正是测量（实施物理测量的这一行为）造就了观测结果。比如，在薛定谔的猫的实验中，正是观测猫的行为（打开盒子或利用放置在盒子里的一个特殊探测器）破坏了既活又死的叠加态，随机地将猫变为一种或死或活的动物。

同样，对这一派物理学家而言，一个微观粒子只要不被观测，它就不存在，只有在我们试图观测它的时候它才会现身。因而，在这一派的诠释中，就其通常意义而言，现实无法独立于测量工具而存在。因此，现实是与测量工具共生的，并且测量工具使其得以持续不断地重生。

在或多或少赞成这种观点的思想流派中，哥本哈根学派（以 20 世纪 20 年代提出这一观点的研究者玻尔和海森伯等所在的丹麦城市命名）最具盛名。现象学家莫里斯·梅洛－庞蒂的一句名言很好地概括了这一观点："不应该自问我们是否真的感知到了一个世界，应该反过来说，世界就是我们所感知到的。"

其他科学家（人数不在少数）很早就站出来反对这一主观的世界观。比如，爱因斯坦当时就拒绝接受那种认为事物只因测量工具而存在并且在两次测量之间不存在的观点。他仿佛在对好友薛定谔那只为世人所知晓的猫做出回应，说自己无法想象我们不看月亮它就不存在这一点，更无法想象相反的情况，即当一个有意识的生物，比如说老鼠，在对月亮进行观察时，月亮就可以因此而存在。

爱因斯坦赞同诗人博尔赫斯说的一句话："要想看见一个事物，必须先弄懂它！"对于爱因斯坦来说，只有理论能够告诉我们什么是可观测的，而玻尔（还有海森伯、狄拉克以及哥本哈根学派的支持者）的想法却完全相反：要想弄懂一个事物，必须先看见并测量它。玻尔认为，是观测告诉了我们什么是现实，除此之外，现实背后什么也没有，没有隐藏的、理想的、柏拉图式的世界，就算有这样的世界，那也是无法触及的，用哲学家贝尔纳·德斯帕纳特的话来说就是永远"隔着一层面纱"。

尽管爱因斯坦的言论与某些通过实验得出的不可否认的事实相反（如量子非定域性的确在量子纠缠和隐形传态等现象中有显现），但他深邃的思考还是对许多研究者起到了推动作用，激励着他们去开辟与占主导地位的哥本哈根学派的道路不一样的道路。

测量问题、退相干和意识的作用

不得不说，哥本哈根诠释的缺陷还是很多的，首先就是量子测量问题：一次测量的最终结果所显现出的随机性，与决定两次测量间变化的法则（即薛定谔方程）在数学上其实是不相容的。我们需要清楚地知道，直到今天，关于这种随机性的数学、物理或哲学上的起源，人们仍然没有达成共识。

即便将前文中介绍过的退相干这一客观现象考虑进去，依然无济于事。退相干现象是一个物体由于其内部的组成元素间发生相互作用或其本身与外部环境发生相互作用而导致量子属性（比如量子态的叠加或纠缠）快速消失的现象。比如，对于薛定谔的猫来说，退相干现象能够让我们理解为什么结果不是猫死了就是猫还活着（除二者外别无其他可能），但它没办法让我们知道为什么在同样的初始条件下，当我们打开盒子时，猫有时候是死的，有时候是活的。

此外，我们还不知道测量工具和被测量物体之间的界限，也就是说主体与客体的界限究竟在哪儿。有些人甚至认为（人类或非人类的）意识能在测量过程中起到作用，这又反过来引出了不少问题：如果是一位朋友来打开装有猫的盒子，那这位朋友本人是否也处于生死叠加态？又或者，在盒子被打开前，猫本身的意识起到了什么作用？

多世界诠释

近几年最流行的诠释之一是多世界诠释。虽说薛定谔在 20 世纪 30 年代就为其奠定了部分基础，但这一诠释的确切表述却是美国科学家休·埃弗莱特于 1957 年提出来的。根据他的观点，量子测量的结果不具有随机性，每一个测量结果都是真实测得的，但都是在不同的平行宇宙中测得的!

这些平行宇宙之间并没有相互作用，每一次测量（时间间隔可以非常短）时都会分裂出更多的平行宇宙! 因此，这种诠释能帮助我们解决量子物理随机性的问题，但代价是平行世界的数量毫无限制地爆炸式增长。

这种观点虽然看似怪异得出自科幻作品，但在科学界却得到了越来越多的认可，主要是因为它很简单地解决了测量的问题，即便身份特性的丧失（在无限多的世界中，我是谁?）也带来了一些本体论以及心理学上的问题!

从玻姆滴到量子气象学

另一些解释建立在隐变量概念的基础上，这里的隐变量源自爱因斯坦当初提出的隐变量，但有些区别：这些隐变量具有非定域性，也就是说，它们对一个广阔的空间（甚至是整个宇宙空间）具有影响力，并不仅仅局限于被观测粒子周围的区域。这些解释中最具代表性的是德布罗意－玻姆诠释，在这种解释中，某些经典物理学中的概念（如粒子的轨道）又重新具有了一部分常规的含义。

近几年，人们对德布罗意－玻姆诠释的兴趣大增，因为在乍一看与量子物理毫无关系的宏观系统中，科学家发现了与这一解释中的粒子轨道类似的轨道，比如伊夫·库代和伊曼纽尔·福特教授所做实验中在振动流体表面弹跳的迷你水滴就是如此。

为了了解测量中的随机性是如何产生的，其他一些人气较旺的解释也纷纷涌现：由物理学家吉拉迪、瑞米尼和韦伯提出的 GRW（三人姓氏首字母组合）诠释是基于稍做改动后的薛定谔方程得到的；交易诠释认为测量是两波（顺着时间行进的被测物体的波和逆着时间行进的测量工具的波）相遇的现象，与时间无关；贝叶斯诠释（或量子贝叶斯主义）认为测量时出现的概率是具有主观性的，波函数概念纯粹是抽象的，它就像一条个人信息，每次测量时都会更新（如同我们观测天空预测天气，广播里每次播送的天气预报都会实时更新一样）。

第七章

自旋、身份
特性的丧失和物质
——光

量子物理学认为，物质和光的结构可以借助粒子的自旋和不可分辨性（玻色子和费米子）得以知晓。作为量子力学与相对论结合的产物，量子电动力学的预言都得到了极好的验证，尤其是关于真空能量波动效应的预言。

"内心必须混沌一片，才能产出一颗舞动的星星。"

——弗里德里希·尼采
《查拉图斯特拉如是说》

在量子物理所质疑的许多经典物理概念中，"身份特性"这一概念或许是最令人困惑的。即便这样的量子效应乍看起来并不适用于像人类这样的大型和复杂生物，但这种身份特性的丧失还是不折不扣地颠覆了我们对一个概念的理解，这个概念就是可以定义这个有形世界中的事物的东西——其本身的存在。

实际上，在量子物理学中，个体性已不再是一种法则。正如我们在之前的章节中所讲的那样，两个纠缠的粒子会形成一个合二为一的物理体系，无论二者距离有多远。同样，量子隐形传态和隧道效应使一个粒子从一处跳到另一处，不经过任何中间位置，就像是在一处瞬间消失，又在另一处瞬间出现一样。

量子态的叠加和量子跃迁也是如此。因此，量子身份与我们熟识的经典物理学中的身份完全不一样，量子身份是可以逐级变化的，而且是突然发生且无法预料的。如果说这种与生俱来的不确定性由于自旋概念的提出而被部分消除了的话，那也只是为了强化个体性的普遍丧失，这种丧失是统治基本粒子的法则，它能让我们弄懂物质和光的结构。

自从粒子具有不可分辨性这种创新性的说法被提出后，量子物理学出现了不同的扩展理论。在这些被称为"量子场论"的理论中，量子电动力学是毫无争议的原型和毋庸置疑的珍宝，它给我们求知若渴的头脑带来了数不清的形而上学思考，尤其是关于多产的虚无与我们之间的关系这一问题。

自旋，却不动！

　　如果如我在前文中介绍的那样，一个物体的量子身份可以简化为它的量子态，即最终简化为一种完全符合量子物理学标准解释的信息，那么量子身份在实际中到底对应着什么呢？

　　事实上，量子身份由两组列表组成。一组是物理属性列表，包括质量、带电情况、自旋（稍后再介绍）等，另一组是数字列表，这里的数字被称为量子数。这些数字体现了不同物理属性的特征，如能量或角动量（与物体绕中心轴旋转速度相关，如陀螺的旋转）。这些物理属性可以在一定条件下实现量子化，也就是说只取某些特定的值，不能取其他值。组成我们周围普通物质的粒子就是这样。

　　在这些量子属性中，有一个属性对粒子可能具有的个性化特征极其重要，那就是自旋。虽然叫自旋，但其实完全不是粒子以自我为中心进行旋转。这是一个典型的量子属性，在经典物理学中没有与之对应的概念。自旋是量子力学和爱因斯坦相对论相结合的产物，只能通过数学、几何，或者比喻的方式来描述。

泡利和自旋，介于错误与天才之间

和物理学中的许多其他重大发现一样，自旋的发现也是理论和实验不断交融的结果，就好似一支扑朔迷离的舞蹈，节奏越来越让人抓得住、识得出。在这支量子舞蹈中，沃尔夫冈·泡利尽管并非一直都是耀眼的明星，但毫无疑问是一名编舞大师。是他在 1924 年专门引入一个新的量子数（其意义当时还不为人知）来尝试描述某些金属所发出的光的频率。这个数只能取两个值，因此可能描述的是一个特殊物理量的量子化现象。

但这是用来描述哪一个物理量的呢？科学史上完全找不到与这一奇特属性相对应的物理量。最先提出将这一奇怪的新数与粒子以自我为中心旋转（这也是自旋一词的由来）的属性联系起来的是一位来自德国的 20 岁年轻助教，他的名字叫拉尔夫·克罗尼格。1925 年初，泡利还对此加以嘲讽并劝阻克罗尼格不要发表这一成果，但到年底时，荷兰莱顿大学的两位年轻物理学家乔治·乌伦贝克和塞缪尔·古德斯密特也提出了同样的想法，情况这时就不同了。

尽管这一解释是错误的（自旋在任何情况下都与粒子以自我为中心旋转毫无关系），但它对泡利的研究工作还是起到了指引作用。1927 年，泡利认识到自旋事实上表明了一个与旋转属性有关的新的物理量的存在。但在经典物理学中，完全没有与之对应的概念，而且在我们所处的这个世界里，自旋是无法看到的。

泡利的观点与 1922 年的斯特恩－盖拉赫实验的结果相符，并且在许多方面都可以说是革命性的，它彻底地将科学思想从图像和经典物理学概念中解放了出来。

自旋是理解量子世界中个体性概念的关键所在。令人惊讶的是，量子世界在本质上是分离主义主宰的世界，考虑到我在前几章中介绍的波粒二象性和量子世界某些方面的模糊性，这一点就更加令人惊讶了。

自旋值特征不同的粒子的行为也截然不同。自旋为半整数（如 1/2 或 3/2）的粒子被称为费米子，自旋为整数（0、1、2 等）的粒子被称为玻色子。

由于迄今为止观测到的自旋不是整数就是半整数，因此微观粒子的量子世界就分成了两大阵营：费米子阵营和玻色子阵营。费米子阵营中有电子、质子、中子、中微子、夸克、氦－3等，泛泛地说，组成物质的大多数粒子都是费米子。玻色子阵营中的成员则是在组成物质的粒子间传递相互作用的光子、胶子、引力子、声子等。

请注意，自旋可不只是一个能将粒子分成两类的抽象的数！事实上，它是我们对物质的磁性和结构的最新认知中一个基本的组成部分。它有着非常重要的物理效应，这些物理效应并不仅仅局限于实验室中，而是广泛地出现在我们的周围。比如，在解释物质的稳定性和坚固性，或者超导和超流现象的时候都会用到自旋。它还是核磁共振医学成像技术的核心，也是控制读取硬盘和磁性随机存储器的巨磁阻效应发生机制的核心（德国科学家彼得·格林贝格尔和法国科学家阿尔贝·费尔因发现巨磁阻效应于2007年获诺贝尔物理学奖）。

身份丧失的奇幻效应

本章开篇提到的量子身份概念与不可分辨性概念有着紧密的联系：如果从物理学的角度无法将两个粒子区别开来，我们就称它们为不可分辨的两个全同粒子。在微观的量子世界中，说到底，就是这两个粒子具有同样的物理属性。我们无法给它们贴上标签（怎么贴？通过相互作用吗？可那样的话，就会改变其中一个的物理属性了。），也不可能沿着轨道找到它们（因为轨道似乎根本就不存在！）。

没有轨道，就没有粒子本身的存在吗？

电子是不可分辨的费米子，光子是不可分辨的玻色子。假如我们将两个电子放入一个捕集器中（如电磁捕集器），试着跟踪它们。问题在于要想获取两个电子的位置信息，必须进行位置测定，但正如我们之前介绍过的那样，根据海森伯不确定性原理，进行位置测定必然会导致对电子速度测定的随机干扰。测量过后电子就不会处于测量那一刻所处的位置了，这让我们连续跟踪测定电子位置的想法难以实现。但问题其实比想象中的更难以捉摸，因为量子物理的标准诠释告诉我们，问题不仅仅在于两次连续测量间的位置信息是随机的，它事实上根本就不存在！

即便是靠想象，借助另一种诠释（如德布罗意－玻姆诠释）来确定粒子的轨道，给粒子做标记也是不可能的，这让我们不得不放弃粒子具有身份特性的想法。鉴于这两个粒子拥有同样的属性，因此对捕集器中的两个电子进行互换，不会改变实验的任何情况，对测量结果也没有任何影响。就算是把这两个电子换成另外两个来自宇宙另一端的电子，都不会有任何变化。

用今天的科学视角来看，一个电子，从某种意义上说，同时也是宇宙中的所有电子。光子也是，每个光子同时也是宇宙光线中的所有粒子。一个微观粒子的身份特性与其同类别的所有其他粒子都是不可分的。"懂了一个，就发现了其他的。"科西嘉诗人让－保罗·赛蒙特如是说。

然而，和自旋的概念一样，不可分辨性并不仅仅是一种哲学上的思考或原理。举例而言，宇宙中所有的电子都被认为是一模一样且可以互换的，其量子结果是可测量的。人类对物质的结构、坚固性、导热性、导电性以及与其他惰性或活性物质成键（化学键）能力的认识能达到今天这种程度，不可分辨性也起了举足轻重的作用。

不可分辨性原理说的是，如果什么方法都无法让我们辨识两个粒子，那么即便将这两个粒子在数学表述中的角色互换，二者所组成的整体的量子态应该还是一样的。当然，每个粒子自身也都处于一个量子态中，为了简化，我们可以用 a 和 b 来表示。总共可以得出四种可能性：

1a 2a 或 1a 2b 或 1b 2a 或 1b 2b

其中，数字代表粒子，字母代表其量子态。

例如，在 1a 2a 所代表的整体量子态中，两个粒子均处于 a 态；在 1a 2b 的整体量子态中，粒子 1 处于 a 态，粒子 2 处于 b 态。

但 1a 2b 这种情况意味着我们可以将粒子 1 和粒子 2 识别并区分开来，如果这里的粒子是不可分辨的粒子（如电子），那么这就与不可分辨性原理相悖了！因此，在这种情况下，只有下面两种叠加态是与该原理相符的：

$$1a\ 2b + 1b\ 2a \quad 或 \quad 1a\ 2b - 1b\ 2a$$

其中有"+"的那个量子态叫对称态，另一个带有"–"的叫反对称态。我们立刻就能发现，如果两个粒子各自的量子态是一样的，反对称态其实就等于 0（因为当 b 与 a 相同时，就可以得出 $1a\ 2a - 1a\ 2a = 0$，这是无法实现的空状态）。换句话说，在一个反对称态中，两个全同粒子不能同时处于相同的量子态中。这就是著名的**泡利不相容原理**。其实，你刚刚就通过阅读这几行文字亲自论证了这个原理。

在实践中，观测结果显示，目前已知的粒子只会处于两类态中的一类中：要么是对称态，要么是反对称态（尽管最新的科学实验借助任意子和普瑞顿子使人们开始重新审视这种分类标准）。遵循对称性的粒子叫玻色子，遵循反对称性的粒子叫费米子。如果你从本章开篇直至现在都没有从躺椅上摔下来，那么你就成功地在自旋值与对称／反对称态属性间建立了关系，正如 1940 年的泡利一样！

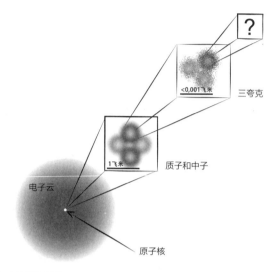

?

<0.001飞米

三夸克

1飞米

质子和中子

电子云

原子核

1 埃 =100 000 飞米

氦原子的分层结构图
1 埃等于 0.1 纳米，
即一百亿分之一米。

　　用更简单的话来说，泡利不相容原理的内容是：在群体中，费米子不喜欢彼此间互相妨碍，而喜欢独立存在，每个费米子都处于一个与其他费米子不同的量子态。因此我们要说到一个概念，叫费米子排斥，即费米子间有互相排斥的倾向，但这种排斥与任何一种排斥力的概念都毫无关系。

　　正是费米子排斥这一特性解释了为什么物质的体积如此之大却基本上是由真空组成的。它也保证了物质不会在引力的作用下坍塌，尤其是在密度极大的系统中，如中子星。也正是它让我们了解了物质的结构，让我们明白了为什么人类已知的不同元素在元素周期表里呈现那样的排列方式。

物质的结构（在今天看来）

首先，正如我们之前多次强调的那样，借用行星运动模型来描述原子的结构是不恰当的。原子并不是由中心的硬核及绕其轨道运行的微小的球形电子组成的！原子核很小，密度却很大，但它并不是球形的，它的边缘也不像弹珠那样清晰可辨。此外，说电子有轨道是毫无意义的！

我们从最新的实验和观测中证实，电子是呈云状分布在原子核周围的，这些电子云的密度非常低，并且形状是不规则的。量子物理学将电子云解释成概率云，其形状与根据量子理论推出的形状恰好相符。

在一个忽略电子间相互作用的简化模型中，薛定谔方程的解显示出不同电子的能量是量子化的（我们称之为能级）并且取决于我们之前讲过的不同的量子数。只有一个量子数与此无关，那就是与自旋矢量在空间方向上（通常是垂直方向，但也可以选择其他任意方向）的投影相关的那个量子数。

一个电子（自旋 1/2）的量子数有两个值：+1/2（高自

旋）或 −1/2（低自旋）。根据泡利不相容原理，在一个原子中，只有两个电子可以占据一个能级：一个是高自旋的电子，一个是低自旋的电子（否则某些电子就会拥有同样的量子数，因此处于相同的量子态）。由于每一个能级都对应着一团概率云，这些云团离原子核越远，能量就越大，因此，我们就能明白为什么原子的大小由量子物理的常数——普朗克常数 h——控制了，也能明白为什么电子数很多的原子比电子数很少的原子要大很多了。

我们还观察到某些能级彼此间离得很近，并且可以合并成电子层。因此，我们将原子描述成层级模式。这种模式可以帮助我们准确地理解门捷列夫的元素周期表的形式和结构。

相反，在对称态下，可以有处于同样量子态的不可分辨的全同粒子。玻色子具有群体倾向，喜欢在同一种量子态中集合，彼此间有一种引力，然而这里说的引力还是跟经典物理学中的引力完全不同。

因此，如果将一些玻色子的能量同时降低，也就是说将它们冷却，我们就能使其在同一种能量较低的量子态中的密度增大，得到玻色 - 爱因斯坦凝聚体，一种等同于粒子集合的超级大粒子。这种凝聚效应通常被用于产生超导现象：在对电路进行超强冷却处理后，电子畅通无阻，导线上无任何损耗。

场的关键之处：光与物质的结合

自旋也是我们理解光的深层结构所需要掌握的基本概念。与光有关的高科技产品的代表是激光。尽管我们在本书中多次提到光的量子属性，却无法在标准量子物理的简化框架中对光的量子属性进行精确的描述。光有着太多难解的问题：光子没有质量，它们以最快的速度（光速）移动，而且无论在何种观测条件下都是如此。最后，在与原子或电子相互作用时，它们可以随意出现或消失。

因此，需要一个理论把这些与众不同的特点都囊括进去，通过已有的研究光和物质的三大理论（量子理论、电磁理论，以及爱因斯坦的相对论）将物质和光联系并统一起来。结果就是大家熟知的量子电动力学。量子电动力学的理论基础是由一个物理学家团队共同奠定的，团队成员极具天分又不墨守成规，他们的名字散落在量子物理学的词汇表里，包括英国物理学家保罗·狄拉克和弗里曼·戴森，还有总是制造麻烦的美国物理学家理查德·费曼。

金子的颜色和来自外星球的信息

量子物理的数学表达将爱因斯坦的相对论考虑了进去，这一点产生了深远且多重的结果。二者的结合所产生的效果其实在我们日常生活中清晰可见。比如，金子和其他金属的颜色和光泽是源自原子内部的相对论量子效应。广而言之，我们周围的物体，从小草到最远的星星，它们发出的光都取决于和自旋的存在有关的相对论效应，也可以说，就是取决于自旋！电子的自旋，以及质子、中子的自旋。

然而，正是一个氢原子的原子核和电子的自旋之间发生的相互作用而产生的光频之一充当了现代天文学和宇宙学的探测器。这里相关的光波叫"21厘米线"，21厘米对应的是波长。这根21厘米线是氢原子在从激发态回到基态时产生的。我们将这一过程称作超精细能级跃迁。由于氢在宇宙中无处不在（氢原子是最简单的原子，也是宇宙大爆炸后形成的第一种原子），因此这条21厘米线在宇宙中的各处都能探测到，我们可以据此确定空间中哪个区域的密度最大（这也是宇航员辨识银河系螺旋状旋臂的部分手段）。氢原子在宇宙中无处不在，这也促使科学家们利用这一点来试着与外星球可能存在的高智能生物进行交流。

20世纪70年代的"先驱者号"和"旅行者号"太空探测器上装有一块"先驱者金属板"。这块板上有许多信息，这些信息都是以21厘米的长度为标尺呈现出来的，具备高科技能力的生物是可以读懂的。除此之外，板上还有一幅银河系的地图，按图前行便可到达地球。然而，这样一幅图很快就引起了质疑，一个很简单的问题是，如果我们人类收到这样一幅图，我们会怎么做？人类摧毁自己星球的能力可是相当惊人的，并且非常好斗。考虑到这两点，最后人们决定采取更加明智的方法：发送一条欢迎信息，这条信息只包含地球上的各种声音和音乐，别无其他。

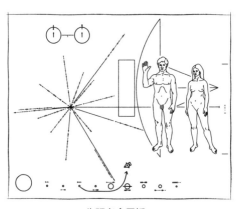

先驱者金属板

量子电动力学是光与物质特别成功的结合。这种理论让我们在计算效应时能够得到极其精确的结果（因为它的常数非常小，我们称之为精细结构常数，值大约是1/137）。然而，这一理论也极为复杂，借助了精细的数学工具，如著名的重整化技术，即通过减去无穷大来得到有限数，这些有限数对应的是可测量的有限大的物理量。这也是一种非常美的理论，是数学的珍宝，其内部逻辑闪耀着人类智慧的光芒，它的分支和推论给人一种打开真实世界的大门却又发现一切都在退缩的感觉。

那么，这一优雅的理论得到实验的证实了吗？回答是肯定的，而且理论与实验结果的匹配程度相当惊人。为了说明这一理论的准确性有多高，让我们设想一下现在我们在玩飞镖，靶子在纽约，我们人在巴黎。（是的，这需要做点练习。）如果我们能跟量子电动力学一样准确，那么，对于直径为1厘米的靶心，我们每投100万次才会失误1次！

然而，这样的准确率也并非不会造成问题，因为任何一个比量子电动力学适用范围更广的新理论都会将量子电动力学包括进去并且同样能给出这些惊人的预测。你也许会问，为什么我们需要一个适用范围更广的理论呢？很简单，因为量子电动力学只将目前已知的物质和能量的极小一部分考虑了进去。简言之，量子电动力学研究的主要是电子和光子的耦合，因此最多只能处理它们对一个或几个原子所产生的效应。而在我们周围的环境中，原子的数量可谓不计其数。

尽管量子电动力学存在局限性，但无论如何，对于任何一个将量子力学和相对论相结合的理论来说，它都是不折不扣的模型。它是量子场论的一种，是一个名副其实的经典范例，将波与粒子的概念融合于清晰准确的表述中，尽管从数学角度上来看非常复杂。

对于量子电动力学而言，相关的场就是电磁场。当然，还有其他场和其他量子场论，它们针对的是非电磁性的相互作用。例如，有专门针对原子核（质子和中子）内部及组成原子核的夸克和胶子内部的强弱相互作用的量子场论。至于引力，尽管人们可以建立一个量子场论，但问题还是比较棘手的。

在一个量子场论中，粒子不再被看成是独立存在并永远存在的，而是一个叫"场"的隐蔽环境暂时性的局部激发。其实，相较于物理层面的定义，"场"这个概念更多的是一个几何层面的定义。为了帮助大家直观地了解粒子激发的概念，我们可以想象一下水波或麦浪，或者我们脑海中时隐时现的想法。如果说这些水波、麦浪和想法中有些几乎是触手可及的且持续时间较长，那么另一些则是转瞬即逝的。我们可以用"虚拟"这个词来形容后者，因为它们没有留下持续的痕迹。从现代科学的角度来看，虽然有些令人难以置信，但光与物质似乎仅仅是一个抽象的数学世界中转瞬即逝的振动而已。

更令人难以置信的是，根据这些理论，量子真空是起伏波动的，而粒子只是这些波动转瞬即逝的表现而已。这就像纯能量之海的表面上掀起的小浪，飞溅的浪花就是物质——人类诞生之源；也像一种在运动、毁灭和重生间不断往复，永不停息的循环；还像一支起源、出现和消失的三拍圆舞曲（借用物理学家卡洛·罗韦利的话），光与物质相互交换角色，就像跳舞时互换舞伴一样。韩国女画家方慧子那些看起来发光的画作一样，物质真的好像就是一种压缩的光，在时空中留下的痕迹是一道道虚线。

我们说的是什么真空？

量子物理中说的真空与我们熟知的真空概念大不相同。量子真空中不仅没有任何物质，连光都是不存在的！要想形成量子真空，还必须对这片真空外围的内壁进行冷却，直到摆脱黑体辐射，因为在非零温度下真空外围内壁会自然地产生黑体辐射（见第二章）。要想形成量子真空，必须把温度降到极低的程度，接近绝对零度（-273 摄氏度）。

注意，不能将这种量子真空和物质内部存在的虚空混淆。比如，当我们说一个原子基本上是由虚空组成的，我们事实上想说的是，原子的质量几乎全部集中在一个极小的空间——原子核中，除去原子核的其他空间由电子占据，而这一部分空间的密度极小。假如我们将一个原子的大小扩大 1 万亿倍，也就是说扩大到一个大教堂那么大，那么原子核所占据的空间也只有一粒米那么大！剩余的空间里都是原子核周围的电子云，但其重量却只有 1 微克。如果占据同体积空间的不是电子云而是空气的话，那这么多空气的质量会有好几百吨。

如果这么说合情合理的话，那也只是这团纤疏的电子云给我们留下的空旷印象罢了。就好像我们周围的空气，通常只有在缺失的情况下我们才会意识到其存在，比如说在海拔很高的地方我们会感觉到缺氧，当火箭返回地球进入大气层时隔热罩会变红（这表明大气密度在不断增加）。纤疏的电子云虽然密度小到让人难以察觉，但其实电子云与电子云之间有着特别强的相互作用（这也是泡利不相容原理使然），强到两者只能部分重叠，物质的体积由此产生，其坚固性由此建立。为什么我们的手无法穿透这页纸？原因正在于此。

量子真空很吸引人。从技术角度上说，它被定义为最低能级的量子态，也就是说，没有任何场的激发情况发生。但这极其微小的能量并不为零，甚至远远超乎我们的想象，因为它几乎是无限的！事实上，尽管量子真空里什么也没有，但其实所有的潜在能量都在其中。这是一片充满各种虚拟粒子的真空，这些粒子能在一瞬间从真空中汲取一丁点儿能量进而现出其形，但它们只能存在短暂的瞬间，之后会立刻消失，将之前汲取的能量归还给真空（符合海森伯的能量－时间不确定性关系式）。

有关量子真空的最新理论预测结果着实令人头晕目眩。比如，每立方毫米量子真空所含的能量比太阳有史以来所产生的总能量还要多！事实上，比宇宙中所有恒星自诞生之日起产生的总能量还要多！

让我们来玩一个游戏。将你的一只手放在眼前，然后慢慢地缩小大拇指和食指之间的距离，直至两者几乎快要碰到但事实上还没碰到的状态。在这两指间几乎看不出来的细小空间里，沉睡着巨大的能量（10^{99} 焦耳），相当于——你一定会被震惊到——全世界一整年消耗的能量（10^{20} 焦耳）与整个宇宙中原子总数（10^{79}）的乘积！

但这些无法估量的巨大能量似乎注定要沉睡，而且人们注定永远无法获得它们，尽管在这一点上人们还未达成共识，并且现代世界中还有一些西西弗斯式的人物试图捕获并利用这些能量。另一方面，我们很久以前就知道这种能量是可以测量的，或者更确切地说，这种能量的波动是可以测量的，这就是卡西米尔效应。1948年，荷兰物理学家卡西米尔预言，两块距离足够近的金属板会产生相互作用力。

量子世界的眩晕与前景

　　尽管量子物理具有超高的准确性和预言力，但它依然有很多局限，许多问题尚未得到解答。科学家们正在积极寻求量子物理与另一大理论——广义相对论——的统一，与此同时，量子生物学的诞生正在开拓令人神往的远大前景。

> "科学家与其他人不一样的地方，并不是他们相信什么，而是他们如何相信、为什么相信。"
>
> ——伯特兰·罗素
> 《西方哲学史》

量子物理着实重塑了世界。它将我们原本笃信的确定性击得粉碎，无论是观察和测量的概念，还是事物的本质及其与时空的关系。现实，更确切地说是我们称之为真实的东西，其本质似乎是我们的感官、语言和惯常的理解方式所无法企及的，因为这是一种属于量子世界的真实，它不断变化着，不确定，不持久，并且不断地重生，其内在元素间有着相互依存的关系。这种真实是一种潜在的、变化的真实，其深层本质似乎永远都盖着面纱。

量子理论展现给我们的物质观也同样具有革命性。

原子及原子核的结构理论基于概率云、嵌套子结构和基本粒子身份特性的丧失。最后，颇具象征意味的是，量子物理对我们习以为常的真空概念提出了质疑，量子真空实际上是具有造物之力且拥有源源不断能量的一口能量之井。

　　量子物理是现代物理理论大厦最关键的那块拱顶石。在目前已知的四种基本相互作用力中，人类对其中三种的深入理解都是通过将量子物理与爱因斯坦的相对论相结合获得的。它们作用于物质的核心，决定了物质的结构和属性。通过粒子加速器（如日内瓦欧洲核子研究中心的大型强子对撞机）内的高能粒子碰撞实验，我们得以缓缓步入物质－能量那为人知的奥秘之中，向着无限小的尺度和无限大的能量的方向深入探索，将质子和中子解构为夸克和胶子，最终探测到希格斯玻色子。这一粒子极为重要，以至于某些人称其为"上帝粒子"。

惯性生阻力

　　"上帝粒子"这样的别称听起来有些夸张，但这种粒子的确是揭开粒子质量之谜的一个关键因素。粒子的质量是怎样形成的？彼得·希格斯及其同事提出的粒子质量形成机制（他们因此获得了 2013 年的诺贝尔物理学奖）如下：一个粒子的质量是它在量子真空中的运动产生的。量子真空中充满了希格斯玻色子，它们凭借着微弱的能量如一层糖蜜一样附着在粒子上，从而赋予了粒子一种惯性，我们称这种惯性为质量。广而言之，认为粒子不依赖别的粒子（无论是真实的还是虚拟的）而单独存在的观点，在今天的量子物理看来是毫无意义的。

量子理论（其核心由本书介绍的量子物理各种原理构成）有着惊人的预言力！例如，某些量子电动力学属性的理论预测结果与后来的实验测量结果极为相符，其误差相当于巴黎到东京的距离的预测结果与实际距离只相差一根发丝的直径那么多。

标准量子物理的统计预测也同样完全得到了证实，与物质波干涉现象相关的一些统计预测就是如此，人们以其为基础制造出了超精准原子钟和原子加速计。此外，与量子比特的诞生及运用相关的统计预测也得到了证实。量子比特在量子密码学、量子信息和隐形传态等多个领域的应用已经让我们的生活开始发生巨大的变化。固体材料量子处理技术的应用同样不胜枚举：超导现象在磁共振和磁悬浮列车中的应用、强大的超微电子元件的诞生、新材料（石墨烯、碳纳米管、外尔－近藤半金属、纳米颗粒等）的问世……

万有引力、暗物质、暗能量……
每一次危机都是机遇吗？

　　无论是从理论上还是从实验角度上说，量子物理依然存在许多局限，很多问题尚未得到解决。当然，不要忘了，还有那些揭示量子世界怪异性的哲学问题。如果说问题让我们清醒，答案让我们沉睡，那么量子物理提供的每一个新答案似乎都会制造出许多让我们清醒过来的机会。

　　要想得到完备的量子理论，第一个障碍就是量子物理与引力理论的关系。尽管科学家已经可以在标准量子物理学中阐释引力（很简单，在薛定谔方程里加一项即可），关于引力场的量子理论也已经出炉（该理论预言了引力子的存在，假想的引力子负责传递两个物体间的引力作用），但至今还是没有一个理论能将量子理论和引力理论彻底统一起来。

寻求普适理论

  科学理论的统一是重大的历史进程，从 400 年前至今的这段时期内，这一进程的扩大化尤为明显。我们通常将迈出的第一步归功于牛顿。1687 年，是他向人们展示了如何将一个物体落地的现象和行星围绕太阳运行的现象归结为同一个原因——万有引力的。从那以后，科学界系统地展开了统一现象和理论的研究：1864 年，麦克斯韦通过电磁理论将磁、电和光统一到了一起；1905 年，爱因斯坦用狭义相对论将空间、时间和电磁学统一到了一起；1910 年后的几年中，爱因斯坦又用广义相对论将狭义相对论和引力统一到了一起；20 世纪 30—70 年代，许多不同的量子场论（包括量子电动力学、电弱理论和量子色动力学）实现了量子物理与狭义相对论的结合，通过名为标准模型的元理论形成了我们今天对微观世界的认识。

  然而，我们通常所说的量子物理学并不是这种统一进程下的产物，至少从理论的角度来看不是。正如我们在本书中所看到的那样，由于许多实验结果无法用经典物理理论（经典力学和电磁学）解释，而量子物理根据结果给出了一些解释，这些解释就成了量子理论的基础。量子物理因此是一系列原理和法则之大集。然而，我们在今天还未能对其依据做出清楚的解释，因此，某些人尖锐地说量子物理只不过是一本"烹饪食谱"而已。

　　不得不说，引力给科学家们带来了大量的问题。然而，它却是最自然、最普遍的力。它就在我们的周围，显现在我们的日常生活中，从坠落的叉子到舞动的星星，无不如此。此外，自爱因斯坦 1907—1916 年所做的研究以来，我们对引力有了一个深层次的几何解释：物体的质量会导致时空的弯曲和变形。尽管爱因斯坦将引力理论和运动相对性结合在一起所得到的广义相对论因近几年发现了引力波而再次得到充分证实，但它似乎始终无法与量子力学原理成功地统一到一起。

　　这两大理论之间有着许多明显不相容的地方，其中有两点看起来是无法逾越的。首先，广义相对论认为时空是连续的，这一时空连续性概念与海森伯不确定性原理相冲突，也因量子理论中没有量子轨道的概念而与其冲突。第二，也是两者最明显的差别，量子真空概念与广义相对论里的真空概念完全相反。广义相对论认为真空的能量几近于零，而量子物理学认为真空中的能量是无限的。二者关于能量的观点相去甚远，在科学观上可谓前所未见。然而，这两个理论在今天都被认为是经实验充分证实的理论，各自有各自的适用领域：广义相对论更适用于广阔的宇宙空间，量子物理则更适用于亚微观世界。

　　为了解决量子引力问题，科学家们进行了许多扩展性的研究，也提出了一些新的理论。有的理论尝试在量子理论中引入引力，如超弦理论，该理论认为宇宙的最小组成单位不是夸克和电子，而是处于 10 维或 11 维时空的微小而抽象的弦。

反过来，我们也可以从引力出发，即从广义相对论出发，试着引入量子原理。圈量子引力理论遵循的就是这种思路，在这一理论中，空间失去了连续性，由微小的环形空间粒子组成。

目前，关于量子引力的理论有 20 多个，其中大多数理论认为时空还具有其他属性（如不可对易性、分形特性），时空本身并不存在，而是由粒子的群体相互作用或者抽象数学空间里的相互作用决定并产生的。爱因斯坦和薛定谔一直试图将已知的四种相互作用力统一在一个理论中，但始终未果。总而言之，引力和量子原理统一的难题主要在接近无穷小的领域，具体地说，在普朗克长度这一尺度的领域。这一长度相当于一个原子的直径的十亿的几十亿倍的几十亿倍分之一！

相互竞争的理论如此之多，你可能会对此持反对态度：这样不会过于分散精力吗？为什么不集中精力只研究一到两个理论？然而，我们并不能这么肯定。在过去的 15 年中，科学家提出了很多新的问题，实验观测也得到了很多结果，我们曾经的那份确信被撼动了。这就是法国数学家迪迪埃·诺顿所谓的"确信之事中的小石块",也是现代物理学宏伟大厦的裂纹。这裂纹有一天会变成裂缝,但同时也提供了一股活力:裂缝让阳光可以照进来,使大厦完成蜕变。

事实上,我们之所以曾经那么确信,是因为我们已经习惯了宣称量子力学和广义相对论从来都没有出过差错。这使我笃信这些理论,并将其奉为永恒不变的神圣真理。但其实,现在我们发现的离经叛道、一反常理的东西可谓多如牛毛!排在最前面的是那些看不见的物质和能量。它们虽然肉眼不可见,但通过遥远空间里的间接作用,我们却能知晓它们的存在。然而,我们对它们几乎一无所知,完全不知道它们本质上是什么,它们也尚未被纳入现今占主导地位的理论框架中。从我们给它们起的名字就足以看出这一点:我们把它们称为暗物质和暗能量,就好像是为了掩盖我们的无知和不安一样。观测结果告诉我们不可以妄自尊大,因为根据最新的预测(基于 2009—2012 年普朗克卫星收集到的数据),暗物质与暗能量分别占宇宙总能量的 26.8% 和 68.3%。普通物质,即我们用最完备的理论可以解释并深入了解的那一部分物质,其占比却不到 5%!

从尼古拉·哥白尼(1473—1543)开始,我们就知道地球并不是宇宙的中心,甚至连银河系的中心都不是。现在，现代科学又告诉我们，地球上的物质也不同于宇宙中的大部分物质！我们这些地球的临时租客，看起来好像生活在某个星球上，这个星球围绕着某个恒星沿轨道运行，该恒星属于某个星系，这个星系又处于可观测宇宙的某一块区域……这里的"某"指的是许多个中的任意一个，这么多"某"，着实让人头晕目眩。在过去的数百年中，我们发现了更多的行星、更多的恒星、更多的星系、更多的宇宙区域，这种眩晕之感也从未消减。爱因斯坦、薛定谔、玻尔、海森伯以及许多其他科学家的研究，使我们在各领域中对绝对、永恒和真实的那份确信逐渐消散。或许，我们的宇宙也不是唯一的？它可能只是众多宇宙中的一个？谁知道呢？

从量子生物学到量子意识

恼人的并非只有躺椅上的沙粒。大多数量子反常问题都是在出人意料的情况下隐现的：在量子物理惯常的研究方法看来不可能存在量子效应的地方，人们反而观测到了量子效应。量子物理发展得似乎太迅猛了，远远超过了人们原本的期望值！高温超导现象就是个例子。在该现象中，电子的量子相干效应就是在高于理论预计温度近一百度的温度下实现的。

科学家最近在活体环境中同样观测到了长时量子效应，这与量子物理常用的研究方法的预测结果完全相悖。传统的观点认为，这种环境中的湿度、热度和大量持续的生化相互作用通常使量子相干效应无法持续超过几千万亿分之一秒。但实际上，我们在生物体（动植物）中发现的某些量子效应可以持续几微秒，也就是理论最大时长的十亿倍！这些量子效应包括态的纠缠、隧道效应、干涉等。

能产生量子效应的物理系统多种多样。例如，某些候鸟的眼睛里似乎会发生电子纠缠现象，这使它们可以接收磁信息，也就是说可以辨识自己在磁场中的位置。同样，光合作用惊人的效率似乎也应归因于叶绿素间的量子纠缠现象。人与动物的嗅觉和视觉的产生及某些基因突变大抵也与此有关。

薛定谔，量子生物学之父

很少有人知道薛定谔曾对生物学，尤其是遗传学，起到过决定性的影响。薛定谔从小就对遗传问题有着浓厚的兴趣，是他第一个想象出遗传信息能以长链分子的形式被编码，并且在量子效应的作用下可以发生改变。薛定谔于 1944 年出版的著作《生命是什么？》对弗朗西斯·克里克和詹姆斯·沃森产生了深远的影响。这两位生物学家永远都会将薛定谔这位涉猎极广的天才铭记在心，他那极具创新性的思想使他们深受启发。1953 年，沃森和克里克发现了 DNA 的双螺旋结构并因此于 1962 年获得诺贝尔生理学或医学奖。

2010 年，一门全新的科学——量子生物学诞生了，人类又迈出了新的一步。目前，全球有多个研究团队在研究如何对量子效应（尤其是隧道效应）导致的自发基因突变进行观察。薛定谔在遗传学方面的超前研究距今已有 70 多年，倘若他还在世，看到今天有如此多受他启发的科研项目，该会有多么惊喜啊！这些研究项目就像是今人在对逝者心有灵犀地眨眼睛。薛定谔那份爱传承的心（无论是其个人信念的传承还是科学知识的传承），就是贯穿他一生的闪光红线。

观察并影响生物体内的量子效应，特别是调控和优化感觉感受器（负责感知光、磁场、气味等）的效率，这样的工作自然而然会将人们引向对量子物理在神经系统和大脑以及意识中所起作用的思考上。从这个角度提出的量子认知模型层出不穷，尽管它们还停留在高度理论化的层面并且经常备受争议。

例如，英国物理学家罗杰·彭罗斯及其同事提出了一种量子认知模型，其理论基础是在微管（为细胞提供机械属性的微型管状聚合物分子）中是可以进行量子计算的，微管就像是一个纳米量子计算机。最新的一些量子认知模型的研究目标没有彭罗斯的理论那么宏大，有的研究的基础是神经元中磷酸分子的量子纠缠态，另一些研究则以经典世界中的混沌效应会放大而非减弱某些量子效应这一假设为起点。总之，对于这些认知模型，无论人们是肯定还是否定，它们与量子生物学的密切联系都为其吸引了大量的研究资助，自 2010 年起就从未停歇。

开放与凝视

　　量子认知、量子神经生物学、量子意识……如此多的大门都通向两个领域，这两个领域就是哲学和灵学。几乎所有的量子物理奠基者都曾兴致勃勃地在这两个领域进行过探索。玻尔为给自己的互补性原理赋予更多的意义从道家思想中汲取了灵感，但探索东方哲学的人并不止他一个。东方哲学，尤其是印度哲学，被认为是能够阐明量子物理非二元逻辑的哲学。

　　奥本海默很喜欢印度教经典《薄伽梵歌》，并从中受到了启发；玻姆一生都在与印度哲学家杜吉·克里希那穆提对话；薛定谔从未停止在《吠陀经》和量子原理间寻找联系；海森伯则更多地转向了认识论研究，而泡利时常与荣格就共时性概念交换意见。只有狄拉克拒绝加入这样的讨论，泡利还因此讥讽道："上帝并不存在，狄拉克就是他的先知。"总之，所有伟大的量子物理学家或早或晚都曾提出过有关实在性的本质以及生命和意识的本质的问题。以爱因斯坦为例，尽管他与犹太教有着千丝万缕的联系，但最后他信了一种宇宙宗教，这种宗教认为自然界唯一的真实语言或许就是数学。

　　和薛定谔一样，爱因斯坦对能够触及自然的其他领域也显现出非常浓厚的兴趣，如文学（比如他的诗人朋友泰戈尔的作品）和艺术。在泡利看来，艺术是唯一能够使奇怪的量子隐喻具体化的东西。

　　今天，科学与艺术的关系正蓬勃发展，两者不仅相互促进还有助于彼此价值的提升。相比之下，科学与灵学的关系要复杂得多，理解起来也很困难。除了少数例外以外，这两个世界的专业人员似乎无意进入对方的世界对其思维方式或信仰进行探索。然而，人们对现代科学的热情从未如此高涨，他们渴望了解现代科学尤其是量子物理的意义，渴望掌握其语言和思想。

开启下一段旅程！

棒极了！读到这里，我们中的每个人现在都是量子物理国度的大使了！我们掌握了关键的知识点，可以读懂最新的科学报道，也可以用批判的眼光去审视量子物理的相关文章了，审视的对象包括内容（比如，文章中的量子效应或量子现象介绍和阐释得是否正确）和形式（文字表达是否恰当）。批判的眼光，是的，但同时也是开放的眼光！如果有人或组织或有意或无意地利用量子物理及其语言来"欺骗"读者，或在某种角度上看来纯粹就是为了搞怪而吸引他人的注意，那么，我们也还是会以开放的态度去面对量子物理的新探索、新扩展和新阐释。毕竟，在几年前，有谁相信量子计算机会诞生？又有谁会相信生物学中还能有量子效应？

说来奇怪却震慑人心的是，这两场正在进行中的科技革命很大程度上都归功于一位 20 世纪的奥地利物理学家。他天资聪颖，敢于打破传统，给人以启发，令人感动，他就是大名鼎鼎的埃尔温·薛定谔！让我们沿着他开辟的道路向前走，让自己变得好奇且创造力十足。援引亨利·戴维·梭罗在《河上一周》里的一句话，让我们不要忘记："世界只不过是一张任我们想象的画布！"

术语表

量子生物学	研究在生物界中观察到的不一般的量子相干效应（光合作用、磁场感应、基因突变等）的科学。
玻色子和费米子	根据自旋的值，人类已知的微观粒子分为玻色子（自旋值为整数）和费米子（自旋值为半整数）两类。玻色子在周围环境温度降低的情况下有聚合到同一量子态的倾向（玻色 – 爱因斯坦凝聚），而费米子则遵循泡利不相容原理，不能在同一瞬间占据同一个量子态。
薛定谔的猫	1935 年由薛定谔假想的一个思想实验，在该实验中，一只猫被假想成处于既活又死的叠加态，这是它与一个量子微观系统发生量子纠缠的结果。自此以后，人们利用许多不同的系统（原子、光子等）将这一思想实验变成了真正的实验，但出于对生命的敬畏和尊重，实验中都没有使用猫。
场	布满时空中每一个点的物理实体（如地球磁场），这一实体能够传递人类已知的四种相互作用力。与这些相互作用力相关的场，同量子力学和狭义相对论相结合，催生了量子场论的基本概念。
量子相干性	这是所有显现出可观测量子效应（物质波、态的叠加和纠缠）的单个物体或多个物体组合所具有的特性。
黑体	可以看成是与镜子完全相反的物体。能吸收照射在其上的所有光线，并发出辐射，辐射的强弱取决于其自身的温度。
量子密码学	基于量子系统和量子属性的密码学。加密信息遭袭防不胜防，但使用了量子加密技术的信息一旦稍有动静，人们就能知晓，其可靠性在理论上几近完美。

退相干	导致一个物体在与周围环境相互作用后丧失量子相干性的现象。科学家提出了退相干理论来描述和研究退相干现象，它能让我们深入了解关于测量仪器运转的某些问题。
波粒二象性	描述被观测的物质粒子和光子的行为所具有的双重性（波动性和粒子性）的概念（通过杨氏双缝实验得到证实）。
隧道效应	微观粒子由于本身的粒子性得以瞬间穿越障碍物的过程。这一效应的应用领域极广（半导体、核能、高分辨率显微镜等）。
波包坍缩	一个物体的量子态突然变成测量仪器的许多量子本征态中的一种，对应于测量仪器上显示的数字结果（具有随机性）。
量子电动力学（QED）	量子力学与狭义相对论结合的产物，研究的是光与物质的相互作用，其准确性相当惊人。
真空能量	这是一种典型的量子能量，即使所有的物质和辐射都不存在，它也能一直存在。根据量子场论，真空能量是一片波动的能量海洋，它的波动形成了粒子。真空能量的密度大得惊人，乍看不可触及，但其实有些效应还是可测的（如卡西米尔效应）。
量子态	这是一个数学量，被认为包含着一个物理系统的所有可知信息。从专业角度上说，这是一个成分复杂的矢量。
杨氏双缝	以两条狭缝而著名的实验器具，可以将光和物质的波粒二象性显示出来。

波函数	一种特殊的数学表达，以在空间中持续展开的概率波的形式将量子态表达出来。
干涉	两列波（或更多）叠加，形成一系列有规律的强弱相间的区域（我们称为干涉条纹），我们把这种物理现象称作干涉。在量子世界中，波函数（或量子态）相互叠加。人们在粒子（光子、原子、分子等）中也同样观测到了干涉现象。
哥本哈根诠释	哥本哈根诠释是对量子物理的数学表达所进行的物理解释中得到最多认可的一种。这一诠释主要由玻尔和海森伯于 1925—1927 年创立，认为所有物体在被测量前都不具有任何确定的物理属性，唯一能够预测的信息是所有可能的结果出现的概率，一旦接受测量，波包会立即坍缩。
德布罗意－玻姆诠释	这种量子物理解释于 20 世纪 20 年代由德布罗意提出，而后于 1952 年由玻姆加以补充。与其他大多数解释相反的是，这种解释事实上没有摒弃粒子轨道的概念，而是认为粒子轨迹可以通过薛定谔方程和整个宇宙空间中（因而是非定域的）的一个整体波函数加以确定。
多世界诠释	由休·埃弗莱特于 1957 年提出的这种解释得到了越来越多的认同，尽管它看起来虚幻得有些不可思议。它拒绝测量的概率性本质和波包坍缩过程的真实性，认为可能出现的所有测量结果都是可以测得的，只不过每个结果都处于一个平行宇宙中，测量后的量子态性质可以用退相干现象来解释。多世界诠释认为，平行世界的数量是无限的，且永远有新的平行世界不断产生。

纠缠	两个最初建立联系的粒子（或更多）似乎无论相距多远都可以实现瞬间联通的典型量子现象。
量子测量	量子世界中（典型的微观领域）的测量操作，与经典世界中的测量有些许不同：可能出现的结果数量有限（量子化）；测量结果是随机获得的（概率性本质）；被测量物体的量子态会因测量而发生改变（波包坍缩）。后两点并未得到学界的公认，针对量子物理的数学表达的不同诠释可能会有不同的观点。
物质波	这个概念几乎是波函数和概率波的同义词，用于描述物质粒子的波动性。对于一个粒子来说，这个波就是一个抽象的概率波。对于玻色－爱因斯坦凝聚来说，这就是真实的有形波。
量子计算机（量子信息学）	用量子比特对信息进行编码的计算机，这种计算机可以进行逻辑门的基本运算。
经典物理学	20世纪初量子力学和狭义相对论诞生之前占主导地位的各种物理理论（力学、电磁学等）的总称。
量子物理学	20世纪初为了回答经典物理学无法解释的实验与观测结果（光和原子能的量子化、波粒二象性等）而建立起来的理论。用专业的语言来说，量子物理学就是解释如何提取一个量子态中所含信息的数学规则的集合。
泡利不相容原理	认为两个费米子不可能同时处于一个量子态的量子原理。这一原理能够解释原子的结构和固体的许多属性。
量子化	一个物理量以量子为基本单元的现象。例如，光是量子化的，它的最小单位是光子。

量子比特

具有量子特性的比特。在实践中，量子比特是一个系统（原子、光子、离子等），它有两种量子态，分别对应的是经典比特的 0 和 1。量子比特的优势是它可以处于 0 和 1 这两种状态的任意叠加态。

定域实在论

这一理论认为一个粒子只能被周围的环境影响（定域性原理），并且在任何一次测量前被测的物理量都具有一个确定的值，这个值不受测量仪器和测量者的影响（实在性原理）。量子纠缠现象表明，定域实在论是不完备的。

狭义相对论

爱因斯坦在 1905 年提出的理论。该理论认为两个观察者在恒定且一致的相对运动时所有的物理（力学和电磁学）定律都是不变的。光速的恒定和物质－能量关系式 $E = mc^2$ 是该理论的两大基本原理。广义相对论也是爱因斯坦提出的（1916 年），这一理论是狭义相对论的扩展，研究的是有加速度和引力情况下的相对运动。

量子跃迁

两个不同的量子态间几乎瞬间完成的过渡。量子跃迁可以自发产生（由于原子的放射性衰变或退激），似乎也可以在量子测量时产生。

自旋

微观粒子的量子特性，在经典世界中没有对应的概念。自旋值只能是整数（0、1、2……）或半整数（1/2，3/2……）。自旋值为半整数的粒子被称为费米子，这些粒子遵循泡利不相容原理。

态的叠加

一个物理量可以有多个不同值的状态。在经典物理中，波是可以有叠加态的。而当涉及微观粒子时，这一特性就属于典型的量子特性了。

量子隐形传态　一个物体（光子、原子等）的量子态在两地间的瞬间传送。这一过程虽然利用了量子纠缠现象，但依旧需要一个经典世界中的通信渠道，因此无法实现超光速的信息传递。

量子场论　结合量子物理学原理与狭义相对论，用量子的方式对四种基本相互作用中的三种（弱相互作用、强相互作用、电磁相互作用）进行描述的理论框架。在量子场论中，粒子被认为是因隐形量子场的激发而产生的，存续时间或长或短。